JN416410

건축과 음악

Architecture and Music

한찬훈 저

충북대학교 출판부

Contents

1장
들어가는 글 (서론)

현대건축에서 오늘날의 공연장의 원형을 찾는 것은 상당한 의미가 있습니다. 왜냐하면, 우리가 일상적으로 접하는 공연장은 오랜 세월동안 그 당시의 문화와 관습 그리고 역사가 점철된 과정의 결과물이기 때문입니다.

인류가 농경사회 이후에 정주를 시작하면서 수확물에 대한 감사와 축제를 일정한 장소에서 시작한 반면에, 농사보다 약탈과 사냥에 집중한 집단에서는 전혀 다른 행태의 공동체 행사가 이루어 졌습니다. 즉, 지역에 따라 인간이 행한 삶의 패턴에 따라 다른 문화의 관습이 형성되었으며, 이것은 점차로 그 집단의 음악과 예술에 투영되었습니다. 시간이 흘러 인류의 문화가 점점 다양성과 깊이를 더하면서 발전함에 따라 지역마다 자신들의 문화를 수용하기 위한 하드웨어 즉, 건축물을 짓기 시작하였습니다. 그 건축물은 그 시대의 문화적 특성뿐만 아니라, 그 시대의 역사와 전통, 관습 그리고 시대상을 반영하는 문화의 아이콘이 되었으며, 그중 많은 건축물은 오늘날 까지 남아서 인류의 문화유산이 되었습니다. 이렇듯, 문화건축물은 오늘날 도시의 상징이자 무한한 문화적 가치를 지닌 건축자산이 됩니다.

우리는 현재 남아 있는 문화건축물을 보면, 그 당시 그 안에 담았던 문화콘텐츠를 떠 올리지 않을 수 없습니다. 그중에 대표적인 것이 음악입니다. 오늘날 전 세계적으로 지역과 연대에 따라 다양한 장르의 음악이 존재하고 있으며 그 지역의 음악은 그 지역의 문화와 지난 역사를 대변하는 가장 중요한 콘텐츠가 됩니다. 즉 음악은 그 당시의 문화를 대변하는 대표적인 문화콘텐츠인 것입니다. 오늘날, 현대건축이 서구문물의 영향을 많이 받아서 세계화 되었지만 건축은 그 시대의 산물이자 현존하는 문화인류사의 화석이라 할 수 있습니다. 따라서 서구 문명의 진행에 따른 음악의 역사와 건축의 역사를 병립하여 보면 대단히 재미있는 과학적 사실을 발견할 수 있습니다. 음악은 대표적인 무형의 콘텐츠이자 소프트웨어이고 건축은 그 음악을 담는 대표적인 유형의 콘텐츠이자 하드웨어이기 때문에 이 두 가지 콘텐츠 사이에는 매우 밀접한 관계가 있습니다.

그리스·로마시대의 야외극장부터 최근의 전문공연장에 이르기까지, 공연장과 그 안에서 이루어지는 공연의 장르는 음향과학적으로 매우 밀접한 관련이 있습니다. 즉, 역사적으로 음악의 양식에 맞는 공연장이 건축되어 그 당시에 공연이 이루어 졌다는 것입니다. 그 당시에 공연장의 음향특성에 맞는 음악을 만들어서 공연을 하였는지, 아니면 그 당시 유행하는 음악 양식에 맞는 공연장을 지었는지는 불분명하나, 공연장의 건축양식은 그 당시의 음악에 맞는 매우 적절한 음향적 조건을 가지고 있은 것은 분명합니다.

그리스·로마의 야외극장에서 행하여 졌던 많은 연극과 희곡들, 중세 시대 고딕성당에서 수 없이 연주되었던 종교음악, 르네상스시대에 인문학적 사고로 말미암아 종교의 영역에 속해 있던 음악이 귀족으로 옮겨 오면서 시작된 일반음악의 태동- 그리고 이를 위한 공간 들, 계몽시대에 바로크건축과 음악이 성행하던 salon 음악시대, 18세기 들어서 음악이 일반대중에게 전파되면서 시작된 고전주의 시대와 이 음악을 수용하기 위하여 지어진 최초의 음악당의 출현, 또한 동시대에 오페라의 탄생과 더불어 새로이 생겨난 오페라극장, 근대에는 대중음악으로 자리 잡은 낭만주의 음악의 부흥에 따른 대규모 홀의 건립과 유행처럼 번진 공연장의 세계화, 그리고, 오늘날 혁명적인 건축기술의 발전과 함께 다양한 음악쟝르를 수용할 수 있는 파격적인 공연장의 시도에 이르기까지 공연장 건축기술과 음악의 시대적 흐름은 그 궤를 같이하여 왔습니다. 시대에 따른 음악과 건축의 대표적인 양식을 표 1에 정리하여 보았습니다.

표 1. 공연장건축과 음악의 시대별 분류

시 대	연 도	음 악	건 축	비 고
그리스 · 로마 시대	BC 400년~AD 300년	연극	Classic Order	
중세시대	1300년~1430년	Chant	Gothic	종교음악 중심
르네상스 시대	1430년~1600년	르네상스	로마네스크	귀족중심 음악
계몽시대	1600년~1750년	Baroque (바로크)	바로크	귀족중심 음악
고전시대	1750년~1820년	고전주의	바로크, 로코코	평민중심 음악
근대시대	1810년~1900년	낭만주의	Colonial 양식 Modernism	대중중심 음악
현대시대	1890년 이후	현대 음악	Post-Modernism	세대간 음악

본서는 지금까지 이어온 서양음악의 역사와 장르, 그리고 그 시대의 음악을 담아온 공연장건축의 관계를 조명하여 봄으로서 건축과 음악의 관계를 보다 과학적인 차원에서 이야기 하고자 합니다. 또한 음악의 본질이 소리인 관계로 건축과 소리의 관계를 설명하기 위하여 물리학과 음향공학적인 해설이 첨가되었습니다.

본서에서는 그리스 · 로마시대의 야외극장에서 출발하여, 중세의 고딕성당과, 르네상스시대의 바실리카 양식, 바로크시대를 거쳐 고전주의와 낭만시대를 이은 근대건축양식의 공연장들과 그 공연장이 지어진 시대의 음악양식을 대비하여 공연장 건축과 음악형태의 연관성을 당시의 판화나 그림, 도면 등의 증거를 가지고 설명하고자 합니다.

본서의 내용은 과거의 건축(특별히 공연장)과 음악의 관계를 규명함으로서 건축과 음악의 깊은 연관성을 증명할 뿐만 아니라, 향후 이 땅위에 지어질 이름 모를 수많은 공연장의 건축에 있어서 공연장의 본질인 음악과 소리라는 콘텐츠의 중요성을 잃지 않도록 하고자 함도 곁들입니다.

건축음향분야에서 본 내용은 지금까지 서술된 서적이 없었던 관계로, 본 서적은 향후 건축학도와 건축음향분야의 전문가는 물론이고, 공연장 건축설계를 하는 건축가 및 건축종사자에게 공연장에 대한 지식과 배경을 알게 해주는 역할을 할 것으로 기대합니다. 또한, 본 서적은 클래식음악을 사랑하는 애호가를 포함한, 건축학도와 음악학도는 물론이고, 공연장에 한번쯤은 가본 경험이 있는 일반 대중을 위하여 기술하였습니다. 음악사와 음악가에 대한 디테일한 연도와 작품 등에 관한 것은 네이버 지식백과의 내용을 알기 쉽게 정리하였음을 밝혀둡니다.

이 책을 음악과 건축을 사랑하는 모든 이에게 드립니다.

2장
공연장의 원형

우리가 오늘날 공연장이라고 하는 것은 언제 시작되었을까요. 그 원형은 무엇일까? 이 질문에 대한 근본적인 대답은 건축적인 측면과 소리, 즉 음향적인 측면에서 접근할 수 밖에 없습니다. 그 이유는 사람이 듣는 모든 소리에 대한 느낌과 인식은 그 소리 자체의 특성과 그 소리가 재생될 때 가지게 되는 공간의 물리적인 특성의 합으로부터 기인되기 때문입니다. 소리정보는 크게 두 가지로 구분됩니다. 첫째는 언어를 담고 있는 음성(Speech)이고, 두 번째는 소리의 운율과 리듬에 의하여 구성되는 음악(Music)입니다. 첫째는 논리와 사고의 세계에 속한 것이고, 둘째는 예술의 세계에 속한 것이지요.

역사 이래로 인간의 문화는 소리와 함께 발전해 왔습니다. 무속적인 주술이나 의식에서 사용된 소리를 제외하면 인류 최초의 공연 장르는 연극입니다. 그리스의 희곡은 사람들의 희노애락에 대한 감흥과 느낌을 언어에 담아서 대중에게 나타낸 형식입니다. 그 이후에 악기가 하나 둘씩 발명되고, 음계에 대한 이론과 형식이 개발되면서 일정한 규칙과 틀에 짜여진 소리의 연속적인 발현이 시도되었으며, 이것이 발전하여 음악의 형식을 갖추게 되었습니다.

음악은 인간의 모든 감정과 사고, 그리고 철학까지 소리에 담아 표현하는 도구입니다. 그 대상은 예술과 종교를 포함하여 오늘날, 우리의 일상의 거의 모든 것이 표현의 대상이 되었습니다. 그런데, 음악은 시대에 따라서 그 형식이 변화하였지요. 음악양식의 변화는 건축과 미술과 같이 그 시대상을 반영하는 바로미터가 되었습니다. 여기서, 이 책이 이야기 하고자 하는 주요한 스토리가 시작됩니다.

음악은 소리의 집합체입니다. 음악이 표현하고자 하는 내용은 때에 따라서 달라지지만 변하지 않는 것은 그 소리의 대상은 항상 사람들이라는 것입니다. 즉, 사람이 듣기 위해서 음악이 만들어지고 재생되는 것이지요. 결국에는 그 소리가 사람에게 어떻게 들려지는 가가 궁극적인 목적이 되었던 것입니다. 최종적으로 사람이 음악을 듣는 소리는, 다시 처음으로 돌아가서, 소리 그 자체의 본질과 재생된 공간에 의하여 결정됩니다. 그렇기 때문에 음악과 그 음악이 연주되는 공간은 매우 밀접한 관계를 가지지 않을 수 없습니다.

20세기의 유명한 영국 음향학자 Hope Bagenal은 모든 공연장은 두 가지의 그룹으로 나눌 수 있다고 이야기 하였습니다. 동굴과 같은 음향을 가진 것과 야외상태의 음향을 가진 것입니다. 전자에서 음악이 시작되어 후에 음악당(Concert Hall)으로 발전하였고, 후자에서 사람의 음성이 전달되기 시작하여 극장(Theatre)으로 발전되었습니다. 즉, 음악을 위한 음악당의 기원은 동굴에서부터 시작되었고, Speech 전달을 목적으로 하는 극장은 야외극장에서 시작되었다는 것입니다.

현대 건축음향학의 아버지라고 불리우는 Wallace Clement Sabine은 "공간의 음향은 서로 다른 문화마다 건축적인 전통속에서 음악적 구성과 공연에 지대한 영향을 미쳤으며, 건물의 음향적인 특성은 근본적으로 연주되는 음악의 형식에 영향을 미쳤다고 하였습니다. [W.C.Sabine "Melody and the Origin of the Musical Scale", Chicago 연설문, 1907 in Collected Papers on Acoustics, Havard University Press, 1922]

말타(Maita)섬에는 기원전 2400년경에 만들어진 신석기시대 동굴이 있는데, 이곳에는 신탁을 받는 방이 있습니다. 이곳의 한쪽 벽에는 커다란 헬름홀즈 공명기와 같은 모양의 움푹 파인 곳이 있어서, 약 90Hz의 낮은 주파수의 소리만 공명하도록 되어 있습니다. 여기서 남자가 천천히 낮은 음성으로 말하면, 그 말소리의 저주파수 대역의 소리가 매우 크게 증폭되어서 주위의 방에 울려퍼지게 되어, 이를 듣는 사람들이 외경심을 불러일으키는 울림으로 가득 차게 됩니다. 어린이나 여자의 소리는 주파수 대역이 높아서 이러한 효과를 만들어 낼 수 없습니다. [R. Murray Schafer, The Soundscape; our sonic environment and the tuning of the world, 1993]

이것은 동굴속 공간의 울림을 이용한 종교적인 의식의 시작이라고 할 수 있습니다. 이와 같이 자연적으로 형성된 폐쇄된 공간에서 발생되는 특수한 음향적인 효과를 인간은 종교나 권력의 상징으로 이용하여 왔습니다. 고대 바빌로니아의 지구라트(Ziggurat)나 지하교회 및 중세의 성당에서 이러한 에코나 잔향은 강렬한 종교적 상징을 표현하고 있습니다. 에코(Echo)는 음향학적으로는 반사음에너지가 반복적으로 일어나는 것을 의미하지만, 에코는 깊은 신비감을 자아냅니다. 이것은 원음과 똑같은 거리와 각도에서 반사된 소리가 뒤 늦게 도달하는데서 발생됩니다. 즉, 반사음은 모두 반사면의 뒤쪽에 숨겨져 있는 원음의 허상이 만들어 내는 소리의 이중화현상입니다. 에코는 소리가 영원히 울릴 것 같은 착각을 불러일으키고, 음향적 권위를 형성하게 해줍니다.

그림 2-1 독일 드레스덴 궁의 교회

그림 2-1은 독일 드레스덴 궁의 교회에서 성가대원이 노래하는 모습을 새긴 판화인데, 바흐 이전 독일의 가장 위대한 작곡가인 하인리히 쉬츠(Heinrich Schütz, 1585 ~ 1672)는 드레스덴의 작센선거후(Sachsen)의 궁정악장으로서, 특별히 이 공간의 긴 잔향시간에 맞는 많은 작품을 작곡하였으며, 프로테스탄트 교회음악분야에 많은 명작을 남겼습니다. 그림 2-1에서 보이는 것과 같이 동굴 속의 음향을 모사한 공간에서 음악의 행위가 시작되었다는 것이 정설입니다. 사람들은 오래전 동굴생활에서 부터 얻은 소리의 울림에 대한 인상을 음악을 위한 공연장의 유전적 근원으로 여겼다는 것입니다. 그래서 음악당과 같이 음악을 위한 공연장은 소리의 울림이 있어야 하고, 그 연장선상에서 사람들은 음악을 느껴온 것입니다.

반면에 동굴과 같이 폐쇄된 공간이 아닌 야외 (open air)는 인류의 또 다른 공연장의 원류적인 본질이 됩니다. 인류의 초기 집단생활에서 대부분의 종교적, 집단적인 행위들은 야외에서 이루어졌기 때문입니다. 여기에는 주술사나 집단의 리더의 말(speech)이 있었고 춤과 원초적인 리듬에 의한 악기소리가 함께 있었습니다. 즉, 말소리가 동반된 모든 행위나 이벤트는 야외에서 수행되었습니다.

극장의 원형인 야외극장은 사람의 음성을 전달 도구로 사용하는 연극이 시작된 그리스의 야외극장에서 그 기원을 찾을 수 있습니다. 그리스의 야외극장에 대하여는 4장에서 별도로 다루도록 하겠습니다.

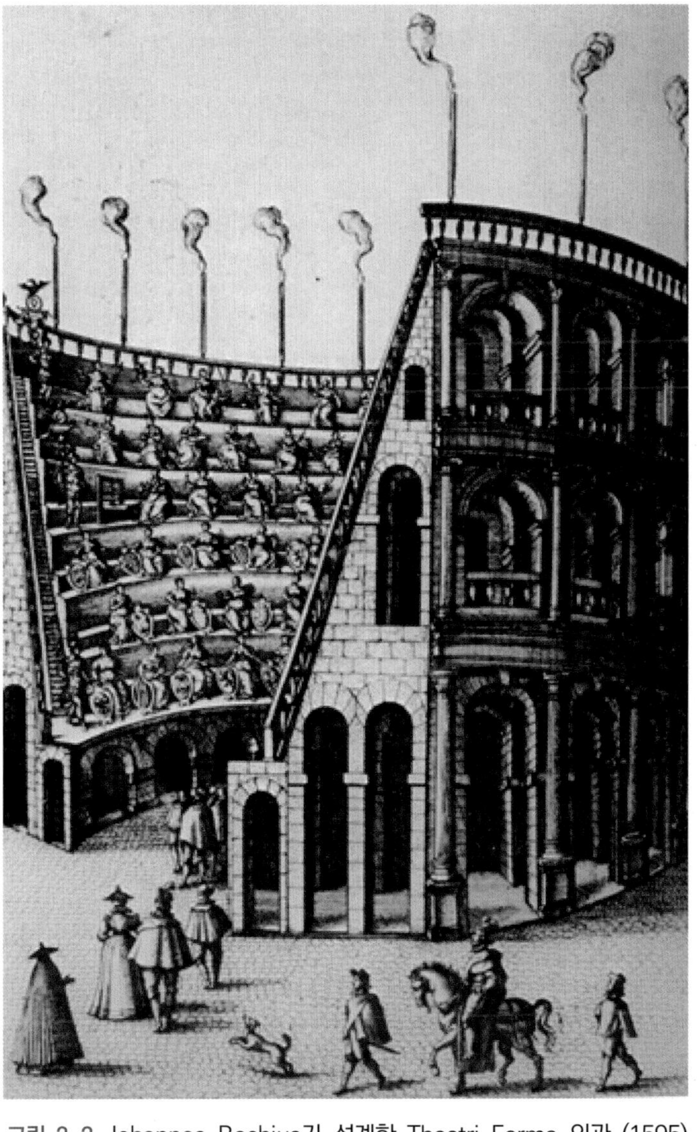

그림 2-2 Johannes Bochius가 설계한 Theatri Forma 외관 (1595)

3장
피타고라스의 음계와 파르테논 신전

오늘날 우리가 사용하는 서양음계의 기본을 최초로 만든 사람은 그리스의 철학자이자 수학자였던 피타고라스(Pythagoras, BC580 ~ BC500)입니다. '만물의 근원은 수이다.'라는 유명한 말을 한 수학자 피타고라스의 놀랄 만한 발견은 음정이 수의 비에 따른다는 사실입니다. 그는 줄의 길이에 따라 음의 높이가 변화하는 것을 알고, 줄의 길이변화와 소리의 높낮이의 변화사이에 일정한 규칙이 있다는 것을 발견하였습니다.

피타고라스는 세 개의 줄로 실험을 하였습니다. 피타고라스는 먼저 하나의 줄의 길이를 절반(1/2)으로 잘랐습니다. 음은 높아졌지만, 같은 소리가 났습니다. 즉, 한 옥타브 올라간 같은 소리인 것 이지요. 이번에는 줄의 길이를 1/3으로 잘랐습니다. 원래의 줄의 소리와 반으로 자른 줄의 소리와도 매우 잘 어울리는 조화로운 소리가 났습니다. 피타고라스는 이 3개의 줄을 길이 비율(1 → 2/3 → 1/2)대로 나열해놓고, 이렇게 조화로운 소리들 사이에는 틀림없이 어떤 규칙성이 있을 것이라고 생각했습니다. 그는 길이별로 나열해 놓은 각 줄의 비율의 역수를 취해보았더니, (1 → 1.5 → 2)으로 공차가 0.5인 등차수열이 되는 것을 알아내었습니다. 피타고라스는 역수를 취해 등차수열이 되는 수의 나열을 조화수열이라 이름 붙였습니다. 음이 조화롭게 들리는 줄들의 길이 비에 역수를 취하면 등차수열이 된다는 의미에서 '조화'라는 단어를 붙여 조화수열이라 부르게 된 것입니다.

진동수는 현의 길이에 반비례합니다. 현의 길이의 비율이 1 : 2/3 : 1/2 의 비율이면 현이 내는 음의 진동수의 비율은 이들의 역수인 1 : 3/2 : 2 입니다. 현의 길이를 2/3로 하면 본래의 음보다 5도 높은 음이 나오고 현의 길이를 1/2로 하면 본래의 음보다 8도, 즉 한 옥타브 높은 음이 나오므로, 도(C)의 진동수를 1로 두면 한 옥타브 높은 도(C+)의 진동수는 2입니다. 또한 솔(G)은 3/2가 되고, 이를 이용하여 진동수를 계산하면 아래와 같습니다. 즉, 모든 음은 솔의 길이 3/2를 기준으로 하는 비율로 나타낼 수 있습니다. 같은 옥타브를 기준으로 음계순으로 다시 나열하면 아래의 파란색 막대 안의 숫자가 바로 진동수의 비가 됩니다.

[출처] (유리수) 피타고라스 음계 ; 작성자 쫑이

표 2. 서양음계의 진동수 비율

계이름	파	도	솔	레	라	미	시
진동비율	$\frac{2}{3}$	1	$\frac{3}{2}$	$\frac{9}{4}$	$\frac{27}{8}$	$\frac{81}{16}$	$\frac{243}{32}$
$\frac{3}{2}$로 표현한 비율	$(\frac{3}{2})^{-1}$	$(\frac{3}{2})^{0}$	$(\frac{3}{2})^{1}$	$(\frac{3}{2})^{2}$	$(\frac{3}{2})^{3}$	$(\frac{3}{2})^{4}$	$(\frac{3}{2})^{5}$

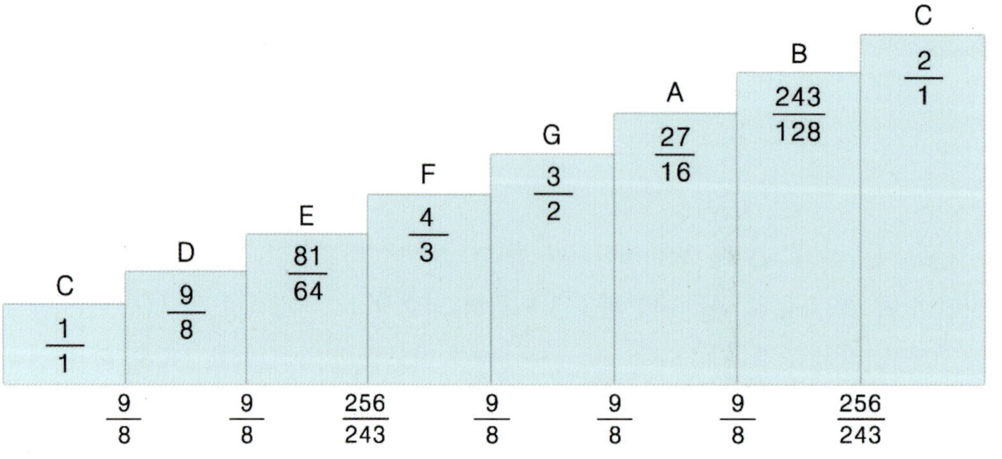

그림 3-1 음계의 비율

오늘날 우리가 사용하는 피아노 건반의 모든 음은 이와 같은 진동수의 비율로 이루어져 있습니다. 가장 낮은 A음 (27.5 Hz)부터 가장 높은 C음 (4186 Hz)까지입니다.

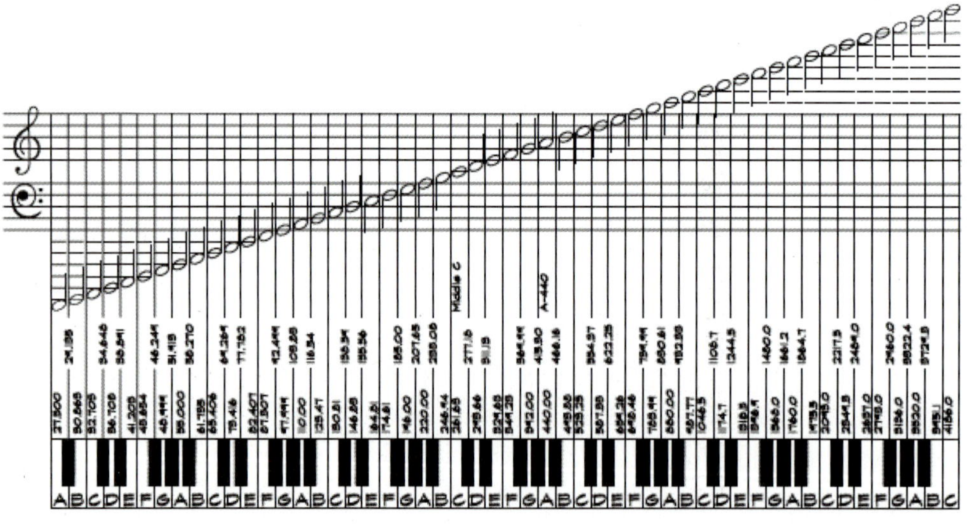

그림 3-2 피아노의 주파수 범위 (Pierce, 1983)

중세시대에는, 우주의 질서는 파타고라스의 수와 음악적 화음의 조화에 의하여 정리된다는 믿음이 있었습니다. 그의 명확한 예로서, 고딕성당은 모든 세상의 소우주로서 서기 위하여 음악적 화음의 비율을 따라서 설계되었습니다. 그래서 평면상 중앙열의 신도석(Nave)과 통로의 폭이나 길이가 정수비로 되어 있지 않고 음계의 진동수 비율로 지어졌습니다.

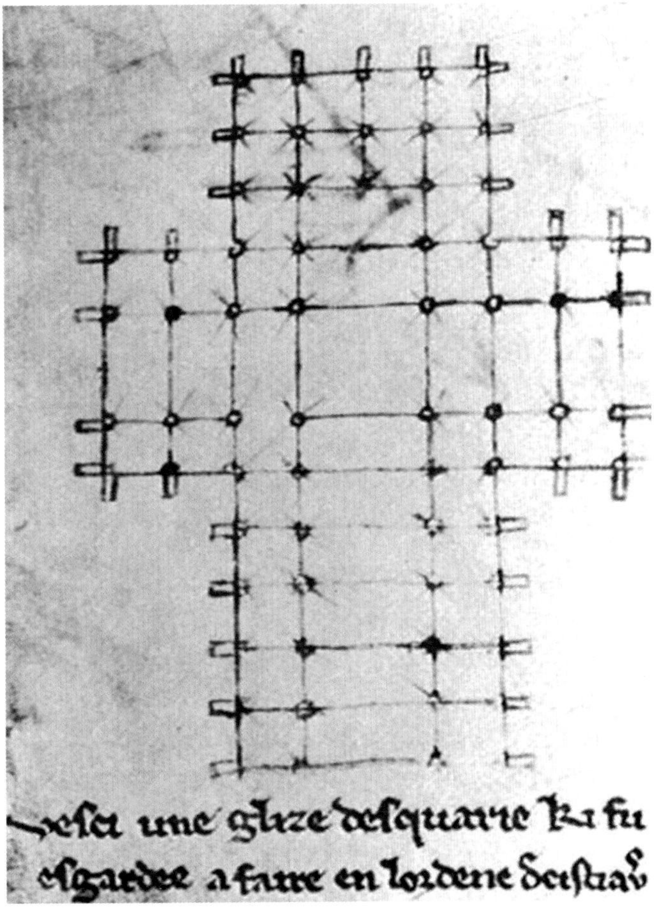

그림 3-3 13세기 고딕성당의 스케치 도면 (Villard de Honnecourt)

그림 3-4 판화는 1618년에 발간된
Robert Fludd의 책 “Utriusque Cosmi Historia”에
있는 음악적 기호와 심볼로 디자인된
음악의 사원(The Temple of Music)이라는 삽화입니다.
건물의 모든 층과 요소마다
음악기호와 숫자가 적혀 있는 것을 알 수 있습니다.

그림 3-4 The Temple of Music (1618)

BC 438년에 그리스 아테네의 아크로폴리스에 지어진 파르테논(Parthenon) 신전은 아테네의 중심부 아고라 언덕위에 있는 세계에서 가장 유명한 건물이자 유네스코 세계 문화유산 1호입니다. 파르테논 신전이 수없이 많은 세계의 문화유적 가운데 1호로 지명된 것은 이 신전만이 가지고 있는 가치가 있기 때문인데, 그것은 바로 파르테논 신전이 이 세상 모든 건축물의 자(Ruler)의 역할을 하기 때문입니다. 자는 건축을 할 때 모든 부재의 치수를 재는 근본이 되는 것으로서, 이 신전이 가지고 있는 가로, 세로, 높이의 비율과 각 건축부재의 비율이 모든 건축의 기준(Reference)이 되는 것입니다. 바로 황금비율(golden ratio) 이지요. 황금비는 1:1.618로 분할되는 비율입니다. 가로와 세로의 비가 황금비인 직사각형을 황금사각형이라고 합니다. 신전을 정면에서 보았을 때 외부 윤곽은 완벽한 황금사각형을 이루고 있으며, 신전 기둥의 윗부분은 전체 높이를 황금분할하고 있으며, 왼쪽에서 넷째 번 기둥과 다섯째 번 기둥은 각각 전체 가로의 길이를 1:1.618로 황금분할하고 있습니다.

황금비율을 만든 사람도 피타고라스입니다. 이 신전이 이렇게 지어진 배경은 피타고라스의 음계의 비율에서 비롯되었다는 것을 기억하실 필요가 있습니다. 즉, 가장 조화롭게 들리는 소리의 비율이 눈에도 가장 조화롭게 보이는 황금비를 만든다는 것입니다.

그림 3-5 아테네의 Parthenon 신전 전면

4장
그리스 · 로마의 야외극장과 연극
- 야외극장 음향의 비밀

극장은 연기가 펼쳐지고 이를 관람하는 장소로 작가와 연출, 배우, 관객들의 소통이 서로 어우러지는 공간입니다. 극장의 기원은 정확히 알 수 없지만, 유력한 가설로 “Ritual(의식, 종교적 예식)”이 대두되고 있습니다. 고대인들은 자연현상에 경외심을 갖고 있었기 때문에 기도를 하고 춤을 추며 신화를 만들어 바쳤습니다. 이를 위해 종교행위가 벌어지는 장소와 구경꾼들을 위한 특별한 장소가 필요했고, 이에 형성된 공간이 고대의 야외극장이라고 볼 수 있습니다. 극장건축에 대해서는 기원전 6세기 후반의 그리스 비극 시인 테스피스[1]가 최초의 희곡상을 받으면서 그 필요성이 대두되었고, 그에 따라 세워진 최초의 극장이 아테네의 “디오니소스(Dionysus) 극장”이라고 전해집니다.

1) BC 6세기 후반에 활약한 고대 그리스의 비극 시인으로 배우와 연출, 무대장치도 맡았다. 독백과 대화의 도입, 가면의 사용을 최초로 하였으며 그리스 비극의 성립을 상징하는 전설적 인물.

그림 4-1 그리스 아테네의 디오니소스(Dionysus)극장 전경

서구문명의 시작으로 일컬어지는 그리스시대는 도시국가의 틀을 자리 잡은 시기입니다. 그리스 전역에 분포한 그리스인의 도시마다 신전과 아고라등 공공건물이 세워졌는데, 이중 가장 중요한 건축물은 야외극장(amphitheater)이었습니다. 고대 그리스인들에게 야외극장은 단순히 공연을 보고 즐기는 것이 아니었습니다. 극장에 모여 그들의 역사와 철학, 신화를 익히고 음악을 배우며 모임을 통해 민주주의 정신을 배양해 나가는 공간이었습니다. 또한 지도자와 일반 시민들이 한곳에 모여 도시의 운명을 결정할 대소사도 함께 논하고, 지도자의 연설과 정견을 청취하는데도 쓰였지만, 도시의 시민 모두가 한자리에 모여서 희극과 비극의 연극을 즐길 수 있는 공동체적 공간이었습니다.

초기 그리스의 극장은 사원에서 멀리 떨어지지 않은 곳에 위치해 있었습니다. 언덕의 경사면을 이용하여 노천에 만들어졌고, 극장의 중심이었던 오케스트라는 원형으로 흙을 쌓아 굳힌 것으로 중심에 희성단(犧性檀)[2]의 자리가 있었고, 약 2/3 원형에 해당하는 객석이 부채꼴 모양으로 무대를 둘러쌓고 있습니다. 경사진 곳에는 관객석을 만들고 맞은편 낮은 곳에 스케너를 세웠는데 배우는 스케네의 전면에 있는 무대에서 공연을 하였다. 이런 시설들은 무대와 관중석이라는 극장의 기본요소로 발전했고, 그리스 극장은 관객석(theatron), 원형무대(orchestra), 분장실과 대기실을 겸한 스케네(skene), 복도(diazoma), 통로(parodos)로 구성되었습니다.

2) 신의 제사에 산 채로 동물을 바치는 제단. 이를 통해 초기 그리스 극장의 강한 종교성을 알 수 있다.

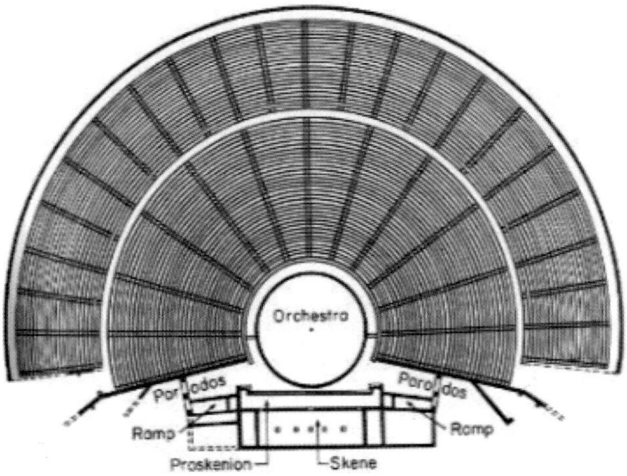

그림 4-2 고대 그리스 시대의 야외극장 평면도

야외극장은 옥외공간으로 대부분 중앙의 무대를 중심으로 반원형의 형태를 취하고 있습니다. 이곳에서 행해지는 거의 모든 행사는 음악보다는 언어전달에 더 큰 비중이 있었습니다. 즉, 연설(speech)이나 대사전달이 무엇보다도 중요한 관건이었는데, 야외극장의 규모가 대부분 일만석이 넘는 크기였기 때문에 언어를 모든 사람에게 명료하게 전달하는 것이 무엇보다 필수적인 요소가 되었습니다.

로마시대에는 더욱더 본격적으로 야외극장을 짓기 시작하였는데, 로마제국이 지속된 천년동안, 로마가 정복하고 개척한 모든 도시마다 야외극장이 지어졌습니다. 규모도 더욱 커져서 수만명을 수용할 수 있는 야외극장이 도시마다 세워졌는데, 그 분포가 남부유럽은 물론이고 북쪽으로는 영국까지 이르렀고, 지중해 넘어 북 아프리카와 동쪽으로는 페르시아 지역까지 이르러 로마의 도시마다 비슷한 양식의 야외극장이 세워졌습니다. 로마시대의 야외극장은 3개 대륙에 걸친 넓은 지역에서 지어졌고, 지어진 시기도 수백년씩 차이가 나는 모든 야외극장이 거의 모두 비슷한 양식으로 지어진 것은 단 한 가지 이유에서 입니다. 그것은 바로 소리의 전달이라는 야외극장 고유의 기능과 목적이 있기 때문이었습니다.

그림 4-3 로마시대의 야외극장 위치도

극장은 사람들이 모여서 소통하는 공간입니다. 이곳에서 가장 중요한 소통의 수단은 말(speech)과 음악(Music)과 같은 소리정보이지요. 오늘날 약 2000석 내외의 규모의 대극장에서 음향설비를 통한 소리의 전달기능은 필수적입니다. 그리스와 로마시대에 지은 야외극장은 스피커나 마이크 등과 같은 음향장비가 없음에도 불구하고 무대의 소리가 먼 관중석까지도 잘 들리는 이유는 무엇일까요? 그럼, 오늘날과 같은 음향장비와 시설이 없었던 이천년전의 과거에는 이 문제를 과연 어떻게 해결하였을까요. 그 비밀은 야외극장 객석의 기울기에 있습니다. 고대 서구의 야외극장에서 이 문제를 해결하기 위하여 사용한 근본적인 수단은 가파른 객석의 기울기를 확보하는 것이었습니다.

여기서 잠깐, 물리학 애기를 하자면, 소리의 에너지는 전후좌우 사방으로 전파되는 특성이 있습니다. 즉, 구면파로 방사되는 소리 에너지는 모든 방향으로 비슷한 에너지를 전달하는데 사람들이 있는 방향으로 더 많은 소리에너지를 보내면 그 만큼 사람들은 소리를 더 크고 명료하게 들을 수 있습니다. 그림 4-4에서 보는 것과 같이 객석이 평지인 경우, 객석 맨 앞줄과 뒷줄까지 커버하는 화자의 음성에너지 전파각도는 작은데 비하여 객석이 기울진 경우에는 그 각도가 매우 커지는 것을 알 수 있습니다. 즉, 전달되는 음에너지의 총량이 증가하게 되는 것입니다.

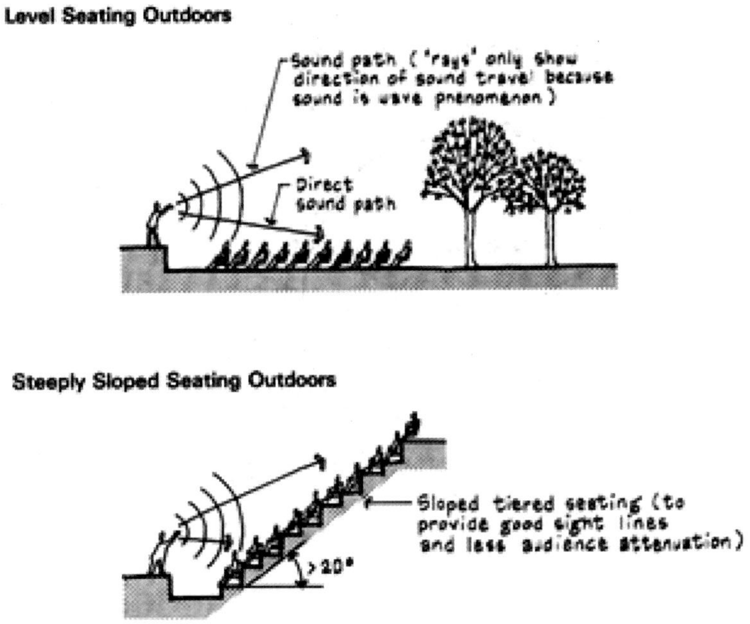

그림 4-4 객석의 경사에 따른 음에너지의 전달 각도

고대 그리스 로마사람들이 이러한 사실을 이미 주지하고 있었던 것은 확실합니다. 그리스시대에 지은 많은 야외극장은 자연의 경사진 지형을 이용하여 객석의 기울기를 확보하였으며, 이후에 도시의 중심부나 평지에 지은 경우에는 의도적으로 객석의 기울기를 약 24°~ 26° 사이로 조정하여 건축하였습니다. 야외극장을 경사진 산비탈에 지은 경우나 도시의 한복판 평지에 지은 것에 상관없이 객석의 기울기가 거의 일정한 것은 그들이 소리의 전달에 있어서의 물리학적 개념을 경험적으로 통찰하고 있음을 보여줍니다. 더욱 더 경이로운 것은 현대건축에 있어서 객석의 최대 기울기는 26°로 설정되어 있는데, 그 이유는 이 각도가 사람이 심리적으로 안정성을 유지하는 최대 기울기이기 때문이지요. 즉 이 각도를 넘어선 가파른 기울기로 객석을 구성할 경우 사람은 몸이 앞으로 쏠리는 것 같은 불안감을 느끼게 되는 것이지요. 정리하면, 고대 그리스 로마사람들은 수 천명을 수용하는 야외극장에서 소리를 전달하기 위하여 객석의 기울기의 한계치까지 도달하는 건축술을 만든 것입니다.

로마시대에 와서는 더욱 명료하고 큰 소리를 전달하기 위하여 초기에는 없었던 무대의 전면에 돌벽(stone wall)이 세워지기 시작하였습니다. 즉, 무대 뒤에 돌벽을 쌓아서 무대의 소리가 반사되어 객석으로 지향하게 함으로서 보다 큰 소리에너지를 전달하였습니다. 거대한 돌벽은 무대의 배경 역할을 하기도 하고 경사진 객석의 끝단과 이어져서 무대를 에워쌓는 공간을 연출하기도 하였습니다.

또 한 가지의 음향적인 요소는 낮은 쪽 좌석보다 높은 쪽 좌석을 더 가파르게 배치해 전체적으로 사발 모양이 되게 하였고, 좌석 밑에 공명기의 역할을 하는 항아리를 매설한 것입니다. 이 항아리는 무대에서 멀어질수록 더 큰 항아리가 매설되었는데, 주파수가 작은 낮은 음일수록 파장이 길기 때문이지요. 아쉬운 것은 후기에 도입된 공명항아리의 재료가 흙으로 구운 것이었기 때문에 지금은 그 흔적만 남아 있다는 것입니다.

로마 카이사르와 아우구스투스황제 시대에 활동한 건축가 비트루비우스(Marcus Vitruvius Pollio)가 저술한 건축십서 (Ten books on Architecture)는 건축의 고문서중 백미에 해당하는 가치 있는 서적입니다. 이 책은 기원전 27년경에 저술되었는데, 그 중에 제5권을 보면, 극장건축과 음향기술의 중요성에 대하여 기술되어 있습니다. 특히, 극장건축의 경우 그리스 과학의 원리를 해설하고, 소리의 발생과 전달을 위하여 극장에 공명항아리를 써야 한다고 논하고 있습니다.

"그러므로 이 연구에 따라서, 극장의 크기에 비례하여 청동 항아리를 만들어야 한다. 이 항아리는 접촉할 때, 4도와 5도가 교대로 2옥타브까지 차례로 발생할 수 있도록 만들어야 한다. 그래서 극장의 좌석 사이에 오목한 곳을 만들고 그곳에 이 항아리를 다음과 같이 설치한다. 어느 벽과도 접하지 않고 머리 위에도 간격을 둔다. 항아리는 거꾸로 설치하고 무대를 향한 부분에 2분의 1피트 이하로 내려가지 않는 높이의 쐐기로 지지한다. 이 구멍에 대해서는 길이 2피트, 높이 2분의 1피트의 공동구가 하단의 좌석에 열려 있어야 한다. ……… 이렇게 배열을 하면 소리는 마치 중앙에서 흘러나오듯이 무대에서 흘러나와 주위로 퍼져나가고, 각 항아리의 오목한 부분을 때려서 명료도 높은 소리를 내며, 또한 서로 어울려 조화로운 화음을 만드는 것이다."

이 공명항아리는 오늘날 헬름홀즈 공명기라고 불리우는 것으로, 로마 이후 오래 동안 몇세기에 걸쳐서 유럽과 아시아에서 널리 쓰였습니다. 이란의 이스피한(Isfahan)의 샤 압바스 모스크(Shah Abbas Mosque)와, 유럽의 오래된 교회벽들에서는 물론이고, 15세기에 지어진 슬로베니아 프레텔유(Pleterje)의 작은 수도원에서 57개의 공명항아리가 최근에 발견되었습니다. 이것은 당시의 건축가들이 모두 이 항아리의 유용성과 효과를 이해하고 있었다는 증거입니다.

그림 4-5는 그리스 고전기, 헬레니즘, 로마시기 야외극장의 재료와 형태의 변화를 나타내고 있습니다. 초기에는 바닥이 흙바닥이었다가 돌로 변화되었고, 무대전면이 개장되었다가 돌벽이 구축되어 음향적으로 보다 강화된 구조로 변화하였지만 객석의 기울기는 항상 일정한 기울기를 유지한 것을 알 수 있습니다.

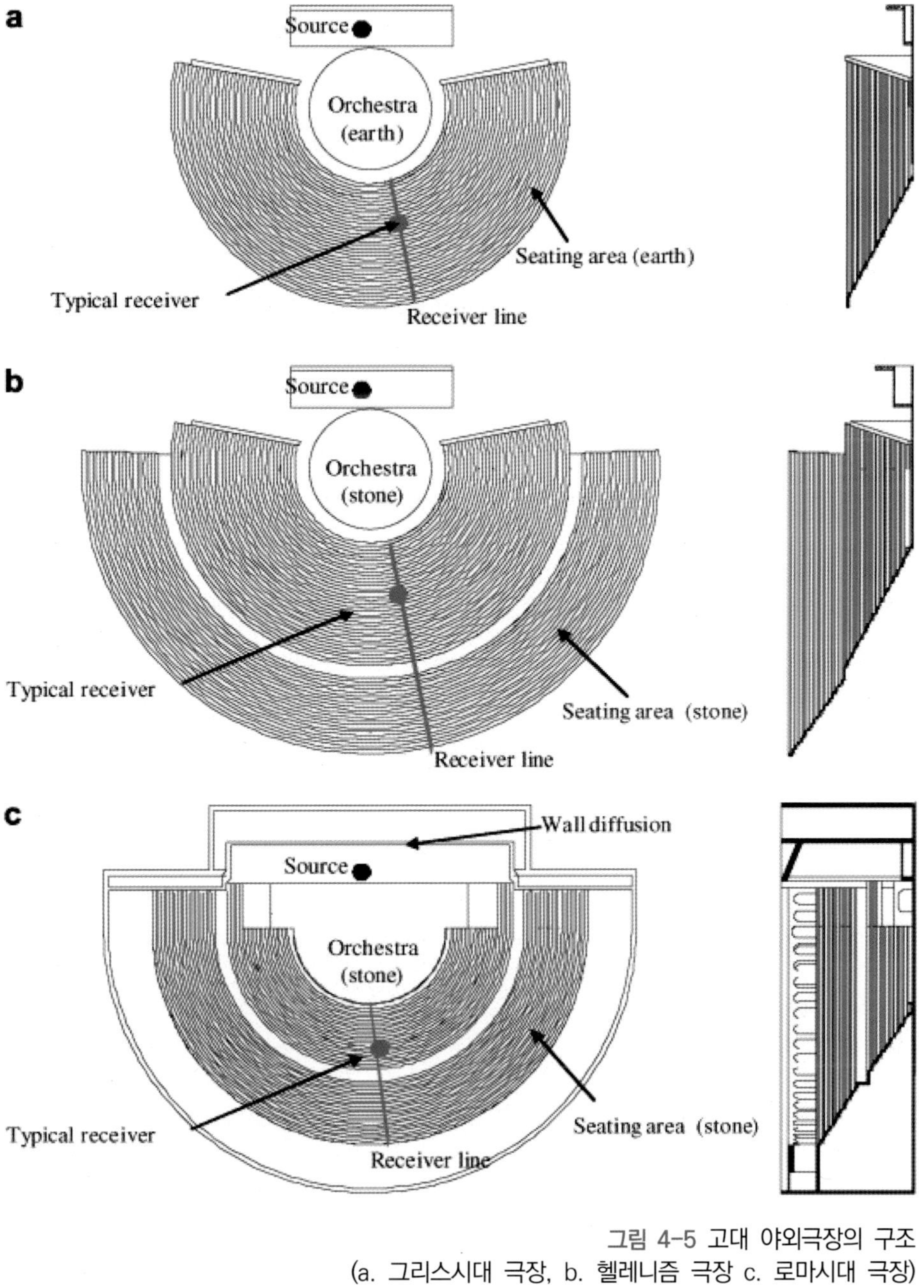

그림 4-5 고대 야외극장의 구조
(a. 그리스시대 극장, b. 헬레니즘 극장 c. 로마시대 극장)

2007년에 그리스 야외극장의 음향에 대한 새로운 연구발표가 있었는데, 바로 석회암으로 지어진 계단들이 음향효과에 기여했다는 것입니다. 석회암재질의 계단이 청중의 웅성거림과 같은 저주파를 흡수해 배경소음을 줄이고 고주파를 청중석으로 반사해 효과를 증폭시키는 기능을 갖고 있다고 합니다. 그리고 계단식 청중석의 표면이 이루는 굴곡이 천연적으로 음향포착 기능을 하는데, 이 과정에서 배우와 저주파 음역까지 흡수될 것 같지만 실제로 청중은 'virtual pitch[3]'라 불리는 현상을 통해 음역의 사라진 부분을 머릿속에서 복구하는 것입니다.[4]

야외극장의 발전에 있어서 가장 후기에 해당하는 AD 300년 이후에 지어진 로마시대의 야외극장의 음향적인 요소를 정리하면 다음과 같이 총 3가지 요소입니다.

1) 객석바닥의 기울기 (24° ~ 26° 내외)
2) 무대뒤의 석조 구조물 (Stage Enclosure)
3) 객석단 하부공간의 공명항아리

3) 신호의 일부가 다른 소리에 의해 가려져 있더라도, 사람의 뇌가 일상적인 신호(음성 포함)와 음악에서 음색을 추출하는 현상.

4) Live Science, Tom Chao, "Mystery of Greek Amphitheater's Amazing Sound Finally Solved", 2007

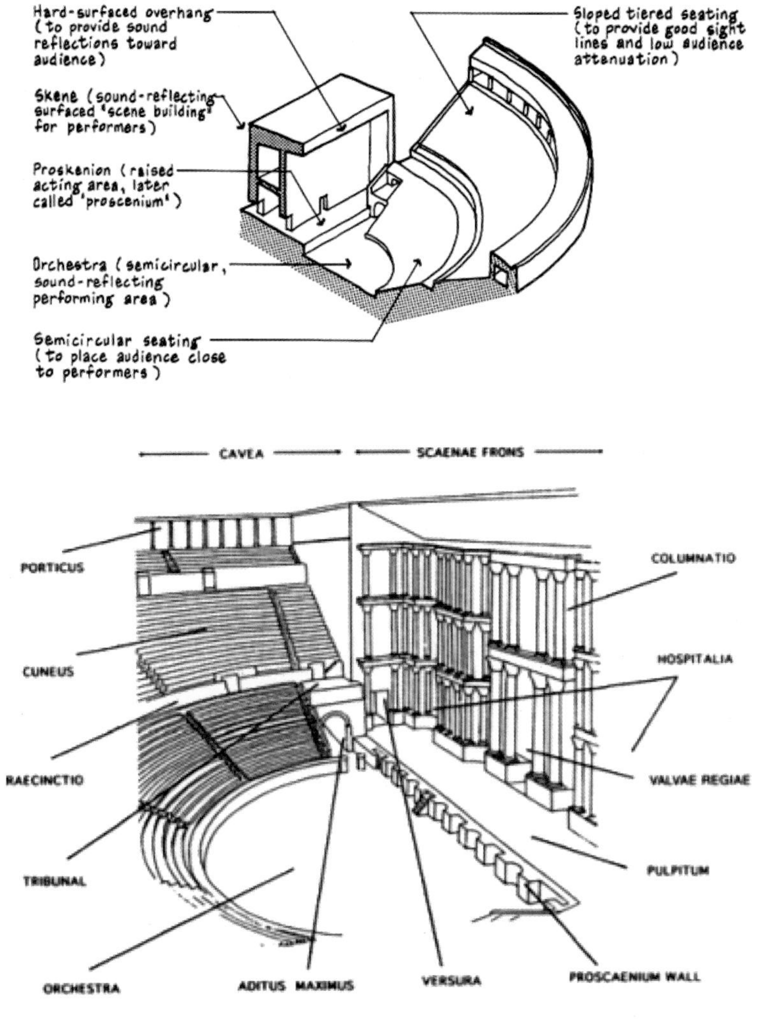

그림 4-6 로마시대 야외극장의 구조와 음향적 요소

그리스 · 로마시대의 야외극장 3개를 통하여
각 시대별로 변화된 극장의 모습과
음향적인 구조가 어떻게 변화되었는지 살펴봅시다.
표 3은 3개의 고대 야외극장의
건축시기와 규모 및 형태를 나타내고 있습니다.
그리스시대 극장 1개와 로마극장 2개입니다.

표 3 그리스 · 로마시대 야외극장 비교

극장명	건축시기	수용인원	평면형태	위치	비 고
에피다우루스 (Epidaurus)	BC 330 그리스	15,000명	반원형	그리스	공명항아리
콜로세움 (Colosseum)	AD 80 전기 로마	50,000명	타원형	로마 시내	
아스펜도스 (Aspendos)	AD 2세기 중기 로마	14,000명	반원형	터키	

펠로폰네소스의 자연지형의 경사를 이용하여 건축한 에피다우루스의 야외극장은 그리스시대에 지은 전형적인 야외극장의 모습을 보여주고 있습니다. 기원전 330년에 고대 그리스의 유명한 건축가 폴리클레이토스의 설계로 지어진 이 야외극장은 15000명을 수용하는 규모로 대리석으로 만든 좌석들이 산세의 경사진 지형에 따라서 반원형의 부채꼴 모양으로 배치되어 있습니다. 당시에는 가파른 객석을 형성하기 위하여 주로 비탈진 곳이나 언덕을 배경으로 야외극장을 조성하였습니다.

에피다우루스의 텅빈 원형극장에서는 바늘 하나 떨어뜨리는 소리가 객석의 모든 자리에서 명확하게 들리고 있습니다. 이것은 그리스 시대에 야외극장의 건물의 형태나 위치를 결정 할 때 음향적인 고려가 우선시 되었다는 건축적인 철학이 있었다는 것을 나타냅니다.

에피다우루스 일대가 헬레니즘 문화의 보고로서 유네스코 세계문화유산으로 지정되어 있으며 특히, 이 극장은 로마시대에 보이는 무대전면의 돌벽과 돌출된 무대도 없지만 완벽한 음향으로 인하여 지금도 변함없이 그 당시 있었던 그대로의 모습으로 공연장으로 사용되고 있습니다. 1955년 이후 매년 이곳에서 지금도 축제가 열리고 있지요. 수 천년 전에 지어진 그리스극장에서 현대의 음악이 연주되고 있다는 사실이 신기할 뿐입니다.

그림 4-7 에피다우루스(Epidaurus) 그리스 야외극장의 전경

우리가 영화에서 한번쯤은 보았던, 로마시내 한가운데 있는 콜로세움은 AD80년 로마 베스파시아누스 황제가 지은 50,000명을 수용할 수 있는 거대한 집회장이자 공연장 및 로마시민을 위한 종합적인 위락시설이었습니다. 로만 포룸(Roman Forum)의 끝자락에 있는 이 극장은 역사상에 자주 등장하는 유명한 건축물일뿐더러, 지금도 수 많은 세계의 관광객이 찾는 명소이지요. 황제나 장군이 시민을 대상으로 연설도 하고, 각종 이벤트성 행사가 열리는 곳인 만큼, 언어의 전달 기능은 매우 중요했을 것입니다. 이 때문에 시내중심의 평지에 지었음에도 불구하고 객석의 경사는 매우 가파르게 형성되어 있는 것을 알 수 있습니다.

당초에는 지붕위에 거대한 천(awing)을 씌워서 한나절의 일사를 차양하여 사용하였습니다. 지금은 동쪽의 가벽이 무너져서 열려있지만, 처음에는 완벽한 타원으로 구성된 원형극장이었습니다.

(a)

(b)

(C)

그림 4-8 로마 콜로세움(Colosseum)극장의 초기 도면(a), 전경(b)
및 시가지 풍경 (C; 2008년 촬영)

지금의 터키 서부해안인 이오니아지방은 로마시대에 매우 많은 도시가 건설된 지역이었습니다. 터키 안탈리아 지역의 아스펜도스에는 고대 팜필리아 도시 유적이 많이 남아있지요. 그중 가장 대표적인 것이 아스펜도스 야외극장인데, AD 2세기에 지어진 이 극장은 약 14,000명을 수용하는 중후기 로마극장의 가장 원형적인 모습을 간직하고 있습니다. 무대에서 나는 작은 소리도 모든 객석에서 아주 잘 들릴 정도로 그 음향이 매우 뛰어납니다. 그래서 1994년 이후부터 매해 6~8월중에 아스펜도스 국제 오페라 발레 축제(Aspendos International Opera and Ballet Festival)가 이곳에서 열리고 있습니다. 물론, 일체의 음향설비를 사용하지 않고 야외극장이 가지고 있는 고유한 음향을 이용하여 공연을 진행하고 있습니다.

아스펜도스의 야외극장은 로마시대 후기의 형태를 보여주고 있습니다. 전기시대의 극장과는 달리, 무대 뒷면에 거대한 돌벽이 서있고 야외극장이 보다 폐쇄된 형태를 보이고 있습니다. 그러나 사진에서 보듯이 객석의 기울기는 이전과 같이 매우 가파른 형태를 취하고 있습니다.

그림 4-9 아스펜도스(Aspendos) 로마극장의 무대돌벽 (2012년 촬영)

이외에도 고대 그리스·로마시대의 야외극장을 지금도 이용하는 경우는 매우 많습니다. 매해 6월 말부터 8월 말까지 2달간 이탈리아 베로나에서는 베로나 야외극장(Arena di Verona)에서 아레나 디 베로나 페스티벌(Festival Arena di Verona)이 1913년 부터 열리고 있습니다. 최대 25,000명을 수용할 수 있는 세계에서 가장 큰 오페라하우스라고 할 수 있는데, 시즌마다 5개의 이태리 오페라를 상연하고 있습니다. 가장 대표적인 레퍼투아는 베르디의 오페라 아이다(Aida)인데, 해지기 직전에 오페라가 시작되어 자정 전에 마치는 오페라는 한 여름 밤의 열기 속에서 수 많은 관중들의 열화와 같은 참여 속에 매해 성황을 이루고 있지요.

이와 같이 커다란 야외극장에서 모든 오페라가 가수의 육성으로 공연되는 것은 이 야외극장의 음향이 훌륭하기 때문입니다. 한 낮 동안 달구어진 대리석에 의하여 반사되는 음과 객석의 경사, 그리고 아레나 한쪽에 세워진 무대 뒤쪽의 계단에 의하여 반사되는 소리가 아레나를 채운 수 많은 관객에게 청명하게 잘 들리는 것은 어쩌면 신기한 기적 같다고 할 수 있습니다.

그림 4-10 이태리 베로나의 아레나 야외극장에서 공연되는 오페라 모습 (2016년 촬영)

프랑스 남부의 액상 프로방스 지역의 오랑주에 있는 로마시대의 야외극장에서는 1869년부터 시작된 오랑주 페스티벌(Choregies d'Orange)이 매해 7월마다 개최되고 있습니다. 이것은 유럽에서 가장 오래된 공연 페스티벌로서, 고대 로마시대에 지어진 야외극장을 그대로 이용하고 있지요. 이 극장은 약 9,000명을 수용하는 규모로, 높이 36m, 폭 103m, 두께가 1.5m나 되는 거대한 무대 뒤의 돌벽이 무대의 소리를 반향시킴으로서 모든 공연을 가능하게 하고 있습니다. 매 시즌마다 1개의 오페라를 상연하고 있는데, 고대 로마극장에서 열리는 한 여름의 야외 오페라의 감흥이 매우 뛰어납니다.

그림 4-11은 복원원전의 극장의 모습이며 4-12 그림은 이곳에서 오랑주 페스티벌이 열리는 장면을 보여주고 있습니다. 돌벽 아래에 구성한 넓은 무대에서 오페라가 연주되고 있으며 무대 앞에 오케스트라 피트를 만들어서 공연을 하고 있습니다. 여름밤의 고대 로마극장에서 일체의 음향기기를 사용하지 않고 가수의 노래와 악기소리로만 자연스러운 음향을 만들 수 있는 것은 이 극장이 가지고 있는 고대 로마 건축장인의 기술과 얼이 깃든 노력의 결과인 것입니다.

그림 4-11 프랑스 오랑주의 로마극장 (복원전의 모습)

그림 4-12 프랑스 오랑주 페스티벌 장면

5장
중세 고딕성당과 찬트(Chant)
- Cathedral의 음향과 찬트의 조화

유럽의 중세시대는 사회의 모든 가치와 규범의 근거가 종교에 있었던 시기입니다. 따라서, 모든 음악의 창작과 사용 역시 종교가 독점하던 시대이었지요. 이 당시 대부분의 음악의 용도는 종교예식의 집전과 종교적 행사 등에 사용되기 위하여 존재하였습니다. 유럽 전체가 종교의 도시로 가득 찼고, 학문과 예술이 모두 종교에 귀속되어 있었습니다. 그야말로 유럽대륙을 넘어서 정치와 종교권력이 미치는 모든 곳에 성당을 지었던 대성당의 시대가 도래 하였습니다. 종교적 신념과 신앙에 따라서, 성당은 모든 건축물을 압도하는 규모로 지어졌으며, 하늘 높이 첨탑을 세워서 하나님의 복음을 세상에 전파하고 지키는 보루로서 지역마다 존재하였습니다.

이 당시의 건축은 고딕양식으로 분류되는데, 십자형 평면을 기본으로 하여 강단(Sanctuary)과 성도석(Nave)을 수직축선상에서 나누고, 십자형 날개 측면에 소규모의 부속 예배실을 가지는 형식을 가지고 있습니다. 구조적으로는 돌기둥을 높이 세우고 박공지붕을 아치형 천정의 볼트(Vault)구조로 떠받치는 조적식 구조로 이루어 졌으며, 조적의 약점인 횡력을 보강하기 위하여 건물 외부에 버팀벽(Flying Buttress)을 세웠습니다. 정면은 좌우대칭구조로 되어 있으며, 높은 천정으로 인하여 형성된 측면의 수직창들에 다양한 색깔의 화려한 스테인드글라스로 마감을 하였습니다. 스테인드글라스는 예술적인 내용도 있지만 대부분 성경에 나오는 내용을 근거로 한 종교적인 내용을 담고 있습니다.

중세부터 르네상스 초기까지 모든 유럽의 도시마다 성당을 건축하였는데 후기로 갈수록 성당의 내부가 더 화려해지고, 볼트 구조가 디테일하게 장식되는 것을 알 수 있습니다. 강단은 제단과 성가대석으로 구분되는데 제단은 성직자의 공간이고, 성가대석은 성가를 부르는 성가대원이 있는 곳이지요. 재미있는 것은 오래전부터 성가대석이 가운데 통로를 중심으로 서로 마주보고 배치되어 있다는 것입니다. 사람의 목소리 이외에 성당에 있는 유일한 악기는 파이프 오르간입니다. 파이프오르간은 관에 공기를 불어 넣어 소리를 내는 건반악기로 주파수범위가 현존하는 어떤 악기보다 넓어서 매우 낮은 음(20 Hz)부터 높은 음(7 KHz)까지 낼 수 있습니다. 음역이 넓은 만큼 관의 수가 매우 많아서 파이프가 성당의 뒷벽이나 측벽의 넓은 면적에 설치되든지, 강단과 성도석을 나누는 벽의 상부에 설치되곤 하였습니다. 여러 관에서 동시에 나오는 소리가 매우 커서 거대한 대성당의 공간을 충분히 가진시킬 수 있는 악기입니다.

고딕성당의 내부의 놓여 있는 의자를 보면, 성당의 규모와 스케일을 알 수 있습니다. 의자에 사람들이 앉아 있으면 그 위로 이 대성당의 천장의 높이가 어느 정도 일지를 가늠할 수 있지요. 고딕성당들의 천장은 매우 높습니다. 결과적으로 성당 내부의 볼륨, 다시 말해서 체적이 매우 크다는 것입니다. 그리고 모두 돌로 지어졌지요. 바닥과 벽, 천정 모두가 돌로 마감되어 있어서 소리를 흡수할 수 있는 표면이 거의 없습니다. 결과적으로 성당의 내부는 필연적으로 소리의 울림(잔향시간)이 매우 긴 현상이 발생되게 됩니다. 울림이 좋다고 하는 콘서트홀의 잔향시간이 2.0초가 채 안되는데, 일반적인 고딕성당의 잔향시간은 작게는 5.0초에서 길게는 10초 이상까지 나타나고 있습니다. 규모가 큰 대성당일수록 잔향은 커지는데 그 이유는 잔향시간은 체적에 비례하기 때문입니다.

그러면, 이런 고딕성당에서는 어떤 음악을 연주해야 할까요?

답은 이미 정해졌습니다. 잔향시간이 이렇게 긴 공간에서 템포가 빠른 음악이나 복잡한 화성으로 구성된 음악을 연주하면, 아마도 사람들은 1분도 견디지 못하고 건물에서 도망치듯 빠져나가겠지요. 왜냐하면, 잔향시간이 매우 길어서 음과 다음 음의 구분도 안 될뿐더러 엄청난 소음으로 들리게 되기 때문입니다. 이런 곳에서는 대화도 울림 때문에 그 내용이 잘 전달되지 않습니다. 말소리보다는 음악이 맞습니다. 이곳에 어울리는 음악은 매우 느리고, 화성이 없이 단성의 멜로디만 있는 선율이겠지요.

이것이 바로 찬트(Chant)입니다. 찬트는 중세부터 르네상스시대까지 유럽의 모든 성당에서 연주되었던 종교음악으로 산문을 낭송하듯이 부르는 곡입니다. 단성(Monotone)의 선율로 종교적인 송영과 시편 등의 산문을 느리게 부르는 음악입니다. 성당의 미사나 행사 때에 예배의 전반적인 흐름을 주도하면서 계속 찬트가 울려나오게 되지요. 그런데, 이러한 음악을 연주하면 소리에너지가 성당의 내부에 매우 오래 남아 있기 때문에 사람들에게는 아주 장중하고 엄숙한 종교적인 분위기를 느끼게 해 주어서 경건한 예배 의식에 최적화된 효과를 낼 수 있습니다.

찬트는 성당의 전면에 있는 제단 바로 전에 위치한 성가대석에서 연주되는데, 성도들은 강단과 성도석을 막은 벽으로 인하여 성가대를 볼 수가 없습니다. 성가대의 찬트는 성당 내부의 돌벽에 의하여 반사되어 천정 높은 곳으로 올라가게 됩니다. 이 소리는 천장의 볼트구조를 타고 성도석으로 확산되어 전달되는데, 잔향시간이 긴 관계로 그 음향에너지가 줄지 않고 오래 전달될 수 있는 것입니다. 사람들의 입장에서 보면, 매우 장중하고 엄숙한 성가가 높은 천장에서 내려오는 데, 마치 하늘에서 천사의 소리가 들리는 것 같은 효과를 얻게 되는 것입니다. 즉, 고딕성당은 찬트와 같은 종교음악을 연주할 수 있는 최적의 장소라고 할 수 있습니다.

찬트는 단순한 곡조(규칙적인 리듬)의 흐름보다 언어의 불규칙적 강세들을 반영함으로 독특한 운율을 형성하며 진행되는데, 찬트는 때로 높은 난이도의 기술적 창법을 요하는 부분이 있어서 오래전부터 훈련을 받은 사람들에 의하여 연주되었습니다. 당시에는 모든 성가를 남성이 담당하였는데 높은 음들은 변성이 되기 전의 젊은 어린 남자

아이들이 담당하고, 변성이 된 남자들은 낮은 음 파트를 연주했습니다. 오래 전부터 종교단체나 교단에서 어린 남자아이들을 성악적으로 훈련하여 보이소프라노(Boy Soprano)로 육성하였는데 이것이 오늘날 유럽의 많은 소년합창단의 효시가 되었습니다. 후기에는 단순한 화음을 넣은 찬트와 공연용 찬트도 작곡되어 연주되었으며 대표적인 것으로 그레고리안 찬트(Gregorian chant)와 성공회 찬트(Anglican chant)가 있습니다.

서양건축사에서 빼 놓을 수 없는 고딕건축의 백미는 프랑스 파리에 있는 노트르담 대성당입니다. 파리가 시작되었던 시테 섬의 한가운데에 있는 전형적인 고딕건축의 랜드마크이자 유럽을 여행하는 모든 사람들이 꼭 봐야 할 명소이지요. 1163년 에 건축이 시작되어 1345년에 준공하였으니 건물을 시공하는데만 182년이 소요된 인류의 문화유산입니다. 불행히도 2019년에 화재가 나서 첨탑과 지붕을 포함한 많은 부분이 전소가 되어서 아마 10년 이상 걸려야 복원이 된다고 합니다. 성당의 전면부에 있는 장미창은 엄청나게 유명하지요. 이곳에서 얼마나 많은 찬트와 오르간이 연주되었을까요.

르네상스 이후 바로크시대를 거쳐서 근대에 이르기까지 많은 작곡가가 고딕성당에서 자신의 곡을 초연하였습니다. 대표적인 음악가는 가브리엘 포레(Gabriel Faure)인데 그는 파리음악원 원장을 지낸 유명한 작곡가이자 전문 오르간 연주자 겸 마들렌 대성당의 합창지휘자였습니다. 오르간과 합창은 고딕성당의 음악의 근간이며 성당음향을 대표하는 소리이지요. 그는 1890년에 자신이 복무하던 성당의 음향에 어울리는 진혼곡(Requiem Op.48)을 작곡하여, 이 성당에서 있었던 장례식에서 초연을 하였습니다. 이 진혼곡이 모짜르트나 베르디와 같은 다른 유명한 작곡가의 진혼곡과는 그 성향과 분위기가 다른 것은 포레가 성당의 음향특성을 알고 이에 맞게 곡을 작곡하였기 때문입니다. 포레의 진혼곡 중 In Paradisum(천사여 나를 천국으로 인도하소서)은 19세기 말의 음악이 아니라 중세시대로 돌아가는 것 같은 느낌을 주는 것은 이 곡이 고딕성당의 맞춤형 음악이기 때문이 아닐까요.

그림 5-1 프랑스 아미앵 대성당 (Amiens Cathedral)

그림 5-2 영국 엑스터 대성당(Exeter Cathedral)

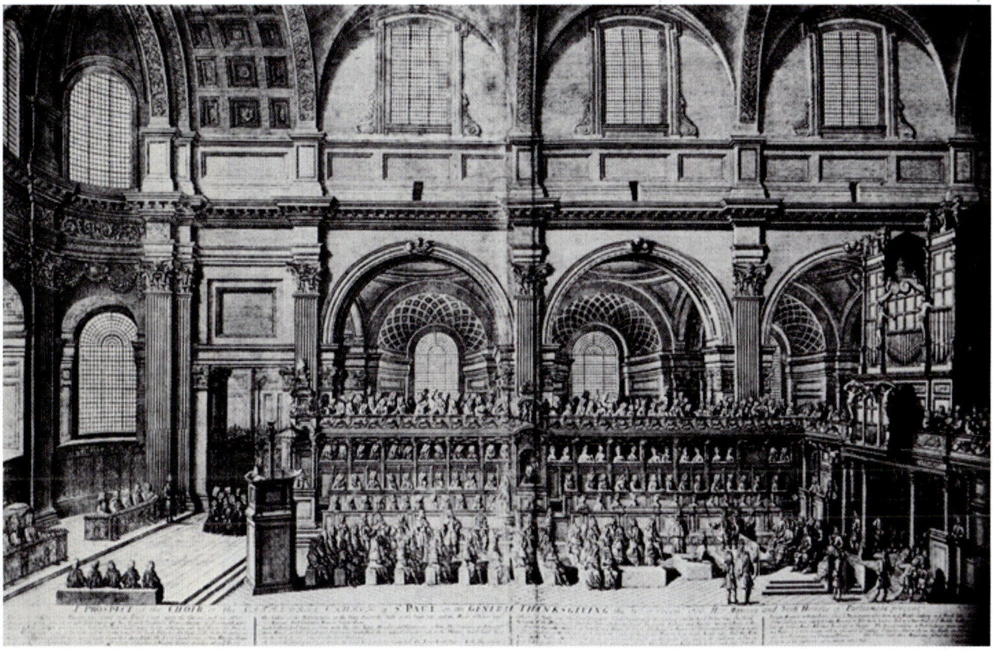

그림 5-3 영국 런던의 세인트폴 대성당(St. Paul's Cathedral)의 강단 (1706)

그림 5-4 프랑스 파리의 노틀담(Notre-dame) 대성당의 정면과 내부

영국 런던에 있는 웨스트민스터 대사원(Westminster Abbey)은 영국역사의 산실이라고 할 수 있는 역사적인 명소입니다. 그 이유는 역대 영국 왕과 위인들이 잠들어 있는 곳이고, 왕의 대관식과 국가적인 주요행사가 치러지는 장소이기 때문입니다. '수도원 중의 수도원'이라는 의미로 'The Abbey'라고도 불리워 지지요. 13세기 헨리3세에 의하여 고딕양식으로 건축되었으며, 지금은 사원의 절반이 국가의 교회로 사용되고, 나머지 절반은 박물관으로 사용되고 있습니다. 웨스트민스터 사원의 안으로 들어가면 대리석과 스테인드글라스가 장엄한 분위기를 자아내며 성당 내부의 벽면과 바닥은 역대 영국 왕을 비롯해 처칠 등의 정치가나, 셰익스피어, 워즈워스와 같은 문학가, 음악가인 헨델, 과학자 뉴턴 등과 같은 역사적 인물들의 묘비와 기념비로 가득 차 있습니다.

그림 5-5는 웨스트민스터 대사원의 예배당의 모습이고 그림 5-6은 헨델(Georg, Friedrich Händel 1685~1759)탄생 100주년을 기념하여 1785년 웨스트민스터 대사원에서 열린 음악회의 전경을 기록한 판화입니다. 그런데, 자세히 보면, 많은 귀족들이 성도석이 있던 중앙바닥(Nave)에서 있고, 중앙 성도석 좌우측의 통로에 의자를 놓아서 서로 마주보고 앉아 있는 광경을 볼 수 있습니다. 또한 측벽을 따라서 이층 갤러리에도 사람들이 음악가들이 있는 곳을 쳐다보지 않고 서로 마주보고 앉아 있습니다. 그럼, 음악가들은 어디에 있을까요? 음악가와 합창단은 사원의 맨 끝단에 있는 임시 장소에 밀집하여 서 있는 것을 볼 수 있습니다. 이 그림을 보면, 아직까지 공연장의 개념과 형태가 설립되기 이전이기 때문에 무대란 개념도 아직 없었던 것을 알 수 있습니다. 그리고 이 당시는 음악이 귀족들의 소유였기 때문에 노래나 음악하는 사람들의 신분은 낮고 음악을 듣는 사람들은 대부분 귀족이기 때문에 신분이 높습니다. 그래서 귀족은 편안하게 앉아서 음악을 듣고 있고, 노래하는 사람들이나 음악을 연주하는 사람들은 아주 좁고 경사가 가파른 곳에 서로 밀집해서 서서 공연을 하고 있습니다. 1785년에 있었던 일입니다. (음악하는 사람들의 인기나 유명세가 일반인을 압도하고 있는 지금은 상상하기가 힘들지요)

지금도 유럽의 오래된 고딕성당에 가면, 많은 관광객 속에서도 가끔은 오르간을 연주하는 광경을 운 좋게 볼 수가 있습니다. 그때에 느끼는 감흥은 세련되고 값비싼 음향기기를 통해 재생되는 오케스트라의 음향을 능가하는 감동을 받게 되지요. 끝없이 울리는 석조의 거대한 악기속에 들어 앉아 있는 느낌입니다. 천천히 울리는 장중한 소리가 음 하나마다 생명력을 가지고 살아서 공간을 날아다니는 것 같고, 없어질 때에도 매우 천천히 여운을 길게 남기면서 사라지는 것은 마치 심오한 종교의 세계를 넘어서 환상의 또 다른 세상으로 나를 이끌어 가는 것 같습니다.

그림 5-5 웨스트민스터 대사원 내부

그림 5-6 1785년 헨델 100주년 기념음악회 전경

6장
바로크시대의 바흐(Bach)와 토마스 교회(Thomas Kirche, Leipzig)

지금부터는 음악의 아버지라 불리는 바흐(Johann Sebastian Bach, 1685~1750) 이야기를 할까 합니다. 그는 음악사에서 빼 놓을 수 없는 업적을 남긴 훌륭한 작곡가이지만, 그의 음악적 특징은 대위법의 완성에 있습니다. 그의 작품들은 엄격하고도 완벽한 구성에 의하여 작곡되었고, 그 이전부터 내려온 이탈리아식 다성음악을 완성하고 이후의 음악가들에게 화성악이라는 새로운 개념으로 지대한 영향을 미쳤습니다. 독실한 루터교 신자였던 Bach의 음악성은 그의 신앙과 예술의 결합으로 음악예술의 극치를 이루게 됩니다. Bach의 음악은 베토벤, 그레고리오 성가와 함께 불후(不朽)의 예술로 남아 있습니다.

바흐는 독일 바이마르(Weimar)에서 궁중 오르가니스트(1708~1717)로 근무하였으며, Cöthen에서 궁중 성당 오르가니스트(1717~1723)로 있다가 1723년 부터 죽을 때까지 27년간 라이프찌히(Leipzig)에 있는 토마스(Thomas)교회에서 합창 지도자로 있었습니다. 바흐의 걸작과 대표작들은 거의 모두가 바흐가 토마스교회의 전속음악 작곡가 겸 악장으로 있었던 때에 작곡되었습니다. Leipzig시대에 작곡한 것은 성 마태오에 따른 수난곡과 성 요한에 따른 수난곡과 B-minor 미사곡 그리고 300개가 넘는 수 많은 칸타타(Cantata)가 있습니다.

그러면, 바흐의 음악을 알기 위해서, 우리는 그의 음악 대부분이 만들어지고 연주되었던 공간을 알아야 합니다. 토마스 교회는 바로크시대에 지어진 가장 대표적인 독일 교회의 전형을 보여주고 있습니다. 지금도 라이프찌히의 토마스교회에 가면 바흐의 동상이 교회 전면에 있고, 교회 제단의 바닥 한가운데 바흐의 무덤이 있는 것을 보면 바흐와 토마스교회는 뗄래야 뗄 수가 없는 관계인 것을 알 수 있습니다. 즉, 바흐는 바로 토마스 교회인 것입니다. 그럼, 토마스 교회는 어떤 음향적인 특성을 가졌을까요?

그림 6-1 토마스교회 앞에 있는 바흐의 동상과 제단 중앙에 있는 바흐의 묘 (2014년 촬영)

중세의 고딕성당에서는 강론을 중심으로 하는 미사보다는 제식과 형식에 따른 미사가 주로 이루어 졌으며, 미사의 배경과 도구로서 느린 찬트가 연주되었습니다. 중세 이후에 종교개혁이 이루어지면서 기존의 카톨릭에서 분리된 프로테스탄트는 성직자의 직접적인 메시지 전달과 강론이 중심이 되면서 이전의 성당과는 다른 건물이 필요하게 되었습니다. 그 이유는 이전의 성당과 같이 매우 긴 잔향시간의 공간에서는 음성의 명료성이 매우 낮아서, 강론을 알아들을 수가 없기 때문입니다. 따라서, 새로운 신교의 교회들은 천정이 고딕시대보다 낮아지고, 내부가 돌이 아닌 목재와 플라스터(Plaster)로 마감되기 시작했습니다. 공간의 잔향시간은 체적에 비례하고 실내의 흡음면적에 반비례하기 때문에, 소리를 흡수하지 않는 돌에서 회반죽으로 실내의 마감재료가 대체된 것은 획기적인 변화라고 할 수 있습니다. 즉, 잔향시간이 이전 성당의 최소 5초대에서 2초대로 작아지게 된 것입니다. 그러니까 사람들이 훨씬 더 명료하게 소리를 들을 수 있는 환경이 조성되었습니다. 이것이 바흐의 음악이 만들어지게 된 배경이라고 할 수 있습니다. 이전보다 훨씬 빠르고, 다성의 화음으로 구성된 음악을 들을 수 있는 공간이 생긴 것입니다.

그림 6-2 독일 라이프찌히의 토마스 교회 외관 및 당시의 내부 전경

문화적으로 바로크 시대에 바흐를 비롯한 많은 음악가들은 교회에서 사용되는 종교음악을 많이 작곡하였습니다. 바흐 작품의 대다수를 이루는 것은 칸타타(Cantata)입니다. 칸타타는 예배음악으로서 설교의 간주곡과 반주를 동반하는 곡입니다. 낭독조(Recitative)와 독창곡으로 구성되며, 독창은 반주가 곁들여지며 끝에 합창으로 마무리되는 형식으로 되어 있습니다. 칸타타 곡은 나중에 오라토리오(Oratorio)곡으로 발전했는데, Bach는 3백 개가 넘는 교회 칸타타를 작곡했으니, 그가 얼마나 많은 칸타타를 작곡해서 토마스교회에서 연주했는지 미루어 짐작 할 수 있습니다. 바흐는 처음 5년동안 토마스교회에서 매주 칸타나를 새롭게 작곡해서 주일마다 연주하였고, 성금요일을 위한 수난곡과 축제일을 위한 마그니피카트(Magnificat), 장례식이나 결혼식을 위한 모테트나 특별 칸타타까지 정말로 쉴 사이 없이 작곡을 하였습니다. 바흐의 칸타타중 약 25% 이상이 유실되고 현재까지 전해 내려오는 것은 약 200개정도입니다.

바흐의 음악이 토마스교회에서 연주 될 때마다 사람들은 칸타타의 내용을 들을 수 있었고, 그 가사를 이해 할 수 있었습니다. 곧, 칸타타가 예배이자 음악이었던 것이지요. 진실로 Bach의 시대(18세기 초)는 Cantata의 시대라고 불리웠던 것입니다. 독일 프로테스탄트 코랄에서 영감을 받은 모테트(Motet)합창곡이나 코랄(Choral)곡 등은 칸타타와 더불어 당시 음악의 주류를 이루었습니다. 이러한 종교음악은 깊은 영적 심성을 표현한 것으로 본래 루터교 미사를 위해 작곡된 것이나, 지금은 종파에 관계없이 널리 사용되고 있습니다. 바흐는 교회칸타타 이외에도 일반적인 주제를 가진 세속칸타타도 작곡을 하였는데 특별한 행사들을 위하여 작곡되었습니다. 이 곡들은 토마스교회에서 뿐만 아니라, 콜레지움 무지쿰 연주회장과 귀족들의 저택에서 연주되곤 했습니다. 여기서부터 음악이 처음으로 교회가 아닌 일반인에게 옮겨가기 시작 했다고 할 수 있습니다.

이러한 이유로 토마스교회는 문화유산으로 지정되어서 독일 정부에서 지속적으로 복원하고 관리하고 있습니다. 토마스 교회에는 바흐의 거의 모든 음악들이 초연되었던 곳이고 매주 연주되었던 곳이지요. 즉 바흐의 곡들은 이 교회의 음향과 환경 속에서 영향을 받으며 작곡된 것입니다. 이전에는 없던 공간에서 새로운 음향환경에 맞는 곡이 탄생하였다고 할 수 있습니다. 이러한 이유로 토마스교회는 보존할 가치가 매우 높은 건축유산인 것입니다.

그림 6-3 토마스 교회의 현재 모습 (2014년 촬영)

동시대의 유럽의 남쪽, 이탈리아의 베네치아에는 14세기부터 병들고 굶주린 사람들과 노인과 고아들을 위한 원조를 제공하고 있었던 오스페달레(Ospedale)이란 단체가 4개나 있었습니다. 이들은 자선기관이외에 베네치아의 음악 생산의 중심이 되었으며, 결국 18세기에 이르러 음악원(Conservatorio)과 같은 기능을 하는 곳으로 발전되었습니다. 당시 산 마르코 성당의 음악가들은 베네치아의 음악을 이끌어가는 중심이 되었으며, 자신들의 독특한 음악적 입지를 구축하였습니다. 특히, 오스페달레 들이 음악적인 재능이 탁월한 소녀와 여성들을 훈련시켜서, 여성으로만 구성된 오케스트라와 음악단을 운영하고, 다른 여성들을 교육하는 일들을 하였습니다. 기록에 의하면, 1770년대 베네치아에 존재하는 4곳의 Ospedali Grandi에서는 매일 음악이 작곡되고 있었답니다.

Ospedale에는 당대의 저명한 작곡가들이 소속되어 있었는데, 그 중 대표적인 사람이 비발디(Antonio Vivaldi, 1678 ~ 1741)입니다. 비발디는 바이올린 교사이자, 이곳의 합창장으로 근무하였으며, 그의 수많은 주옥같은 음악과 칸타타, 협주곡등은 거의 모두가 Ospedale을 위하여 작곡된 것입니다. 비발디는 수도원에 속한 수도승이자 오스페달레 소속 음악가였으며, 여성연주자로만 구성된 오케스트라의 악장이었습니다.

또한 그의 뒤를 이어서 포르포라 (Nicola Porpora, 1686 ~ 1768)는 약 30년 이상 노래를 지도하는 교사로서, 오페라 작곡가로서, 베네치아의 4군데 오스페달레 중 3군데에서 봉직하였습니다. 그 이외에도 베네치아의 오스페달레 출신 음악가들은 푸에리 (Laudate Pueri), 갈루피 (Baldassare Galuppi, 1706 ~ 1784) 등 매우 많았습니다.

이들의 음악은 산마르코 성당에서 주로 연주되었는데, 일반인을 위한 음악들은 Ospedale에 있었던 연주홀에서 공연되었습니다. 이 음악회는 매우 인기가 있어서 베네치아 시민들의 자랑이자 부유한 상인들의 사교장이 되었습니다. 그림에 보이는 장면은 베네치아 오스페달레의 홀에서 공연이 있는 장면입니다. 왼쪽 벽면의 높은 곳에 여성 오케스트라가 3열로 앉아서 연주하는 것을 볼 수가 있습니다. 부유한 시민이나 상인, 귀족들은 넓은 홀의 가운데 앉아 있거나 서서 자유롭게 음악을 즐기고 있습니다. 이 연주홀은 천정이 높고 내부가 목재나 플라스터로 마감되어 비발디의 경쾌하고 빠른 템포의 음악을 즐기기에 매우 적합한 장소입니다.

그림 6-4 Venetian Girl's Ospedale Hall, Italy

7장
고전주의 음악과 대중 Concert Hall의 도래
- 귀족음악의 산실 : Salon과 Early Music Room의 출현

18세기에 들어서면서 음악의 영역은 종교음악에서 점차로 세속음악으로 넓어지고, 성당이나 교회가 아닌 곳에서 음악이 연주되기 시작하였습니다. 종교로부터 음악을 이어 받아 즐기게 된 최초의 계층은 귀족들로서, 처음에는 귀족들의 행사를 위한 이벤트성 음악으로 시작되다가 점차로 음악을 정기적으로 즐기고 공유하는 문화가 귀족들 사이에서 생기게 되었습니다. 귀족들이 모여서 음악을 즐기던 장소는 처음에는 그들의 저택에서 시작되었는데, 귀족들의 저택에는 많은 사람들이 모일 수 있는 응접실과 사교실 혹은 홀이 있었기 때문이지요. 그들은 당시에 유명한 음악인을 초청하여 이곳에서 음악을 연주하게 하거나, 그들에게 음악을 배워서 직접 연주하기도 하였습니다. 이 시대를 Salon 음악시대라고 합니다.

사진에 보이는 것은 당시 귀족의 Salon에서 개최되었던 여러 음악회를 그림으로 남긴 작품들입니다. 이러한 Salon 문화는 19세기 말까지 존속되었는데, 우리가 잘 아는 음악가이자 유명한 피아니스트인 쇼팽(Chopin)이나 리스트(Liszt)는 그 당시 가장 인기가 있었던 초대 음악인이었습니다. 귀족의 Salon에서 연주된 곡들은 주로 피아노나 성악곡들이었으며, 제한된 인원의 소규모 악기로 구성되었다. 이곳에서는 연주자가 같은 방안의 바로 앞에서 연주하기 때문에 소리가 매우 깨끗하고 명료하게 들리게 되었습니다. 따라서 매우 빠른 스케르조나 춤곡뿐만 아니라, 다양한 연주의 기교를 포함한 즉흥곡들이 유행하게 되었습니다.

그림 7-1 18세기 Salon 음악회의 모습

그림 7-2 귀족의 저택 Salon에서 피아노를 연주하는 쇼팽

당대의 유수한 가문이나 높은 귀족들은 저택이 아닌 궁에 살면서, 아예 자신들을 위한 악단이나 음악인을 전속으로 고용하기도 하였습니다. 그 대표적인 사람이 오스트리아의 아이젠슈타트(Eisenstadt) 공작이나, 헝가리의 에스테르하지(Esterházy) 후작이었습니다. 이 두 귀족에게 고용되어 당대의 음악사에 깊은 업적을 남긴 사람이 하이든(Franz Joseph Haydn, 1732 ~ 1809)입니다.

하이든은 교향곡의 아버지로 불리우며, 100곡 이상의 교향곡과 70곡에 가까운 현악 4중주곡 등으로 고전파 기악곡의 규범이 되는 형식을 만들었으며 특히 소나타형식을 완성한 사람으로도 유명합니다. 그는 여러 귀족에게 고용되어 음악을 연주하다가 1760년부터 1790년까지 에스테르하지 후작의 궁정악단장으로 거의 30년에 가까운 세월을 충실하게 근무하였습니다. 1790년 9월 그가 오랜 세월을 모시던 니콜라우스 에스테르하지후작이 사망하자 그는 명예악장이라는 칭호를 받고서 그 직을 물러나 빈에서 살았습니다. 만년에는 미사곡과 《천지창조, Schöpfung》(1798), 《사계, DieJahreszeiten》(1801) 등 오라토리오풍의 교회음악의 명작을 남겼습니다.

그 당시는 기악곡의 전형인 교향악이 발전하던 시기였으며 다양한 악기 편성을 시도해 교향곡의 효과를 낸 작곡가들은 그 전에도 있었으나 하이든은 교향곡을 완성한 사람으로 오늘날 모든 음악회에서 교향곡이 주인공이 되게 한 주인공이자 교향곡을 성공시킨 최초의 거장이었습니다. 에스테르하지의 오케스트라는 규모가 작았지만 유능한 연주자들로 명성이 높았습니다. 경제적인 어려움에서 해방된 하이든은 이러한 조건을 이용하여 이곳에서만, 미사곡 5곡, 피아노 소나타 30곡, 오페라 12곡, 현악 4중주곡 40곡, 오케스트라용 교향곡 100곡, 모든 악기를 위한 협주곡 등 수많은 음악을 만들었습니다.

표 4는 하이든이 1760년부터 1795년까지 그가 쓴 교향곡과 그 교향곡이 연주된 장소와 연주하던 악단의 연주자수를 나타내고 있습니다. 흥미로운 것은 해가 거듭될수록 악단의 연주자 수가 증가하였다는 것입니다. 그가 은퇴하고 영국으로 건너가서 쓴 말년의 교향곡은 거의 60명에 가까운 인원을 위한 곡을 작곡하였습니다. 하이든이 작곡한 교향곡을 연주했던 음악실의 평면을 같은 스케일로 나타낸 것이 그림 7-3에 나

타난 바와 같습니다. 도면에서 볼 수 있듯이 연주자의 수와 연주홀의 공간의 크기가 비례하듯이 커져간 것을 알 수 있습니다. 즉, 음악의 음량과 공간의 크기가 비례해야 한다는 현대 음향이론에 부합하는 결과입니다.

표 4. 하이든이 교향곡을 쓴 연주홀과 악단규모

<table>
<tr><th>음악당</th><th>연 도</th><th>교향곡 작품번호</th><th>악단 인원수 (명)
(No. of Players)</th></tr>
<tr><td>Eisenstadt Castle
Haydn-Saal, Austria</td><td>1760-1765</td><td>2-25, 27-34, 36, 37, 40, 72</td><td>16</td></tr>
<tr><td rowspan="3">Esterházy Palace
Concert Room,
Hungary</td><td>1766-1774</td><td>38, 39, 41-52, 54-59</td><td>18</td></tr>
<tr><td>1775-1780</td><td>53, 60-71,</td><td>22</td></tr>
<tr><td>1781-1784</td><td>73-81</td><td>29</td></tr>
<tr><td rowspan="2">Hanover Square
Room, London</td><td>1791-1792</td><td>93-98</td><td>35</td></tr>
<tr><td>1793-1794</td><td>99-101</td><td>37</td></tr>
<tr><td rowspan="2">Concert Hall,
King's Theatre,
London</td><td>1795</td><td>102,</td><td>55</td></tr>
<tr><td>1795</td><td>103, 104</td><td>59</td></tr>
</table>

하이든이 궁정악단장으로 처음 고용된 아이젠슈타트 성의 음악실은 후에 개조 확장되어 지금은 하이든 홀(Haydn-Saal)로 명명되어서 1975년부터 매년 9월 초순에 2주간 하이든 페스티벌(Haydn Festspiele Eisenstadt)이 열리고 있습니다. 지금은 하이든해석의 일인자인 Adam Fisher가 음악감독을 맡아서 진행하고 있는데, Austria-Hungary Haydn Philharmonie Orchestra가 하이든의 음악을 연주하는 교향악의 축제로 많은 음악인의 사랑을 받고 있습니다.

하이든의 말년에 이르러 고전주의 음악이 주류를 이루던 시대에 음악은 이제 귀족의 전유물에서 벗어나 도시의 중산층으로 이관되기 시작했습니다. 하이든이 에스테르하지 국정악단장을 은퇴하고 영국에서 활동할 당시 그의 작품은 주로 런던의 Hanover Square에서 공연되었습니다. Hanover Square에 있는 음악실의 크기는 길이 24.1m, 폭 9.8m 로서 무대를 제외한 객석의 넓이는 약 186 ㎡ 이었습니다. 이곳에는 평균 800명의 관객이 수용되었습니다. 이곳에서 1791 ~ 1792시즌에 하이든이 그 유명한 London Symphony를 연주 하였을 때는 무려 1500명이 운집하여 연주를 감상하였다는 기록이 남아 있습니다. 이렇게 많은 사람이 좁은 바닥에 밀집하여 앉으면, 사람으로 인한 흡음량이 많아져서 잔향시간이 짧아지게 됩니다. 이것이 당시의 빠르고 다양한 화성으로 구성된 고전음악이 연주되는 배경이 되었습니다.

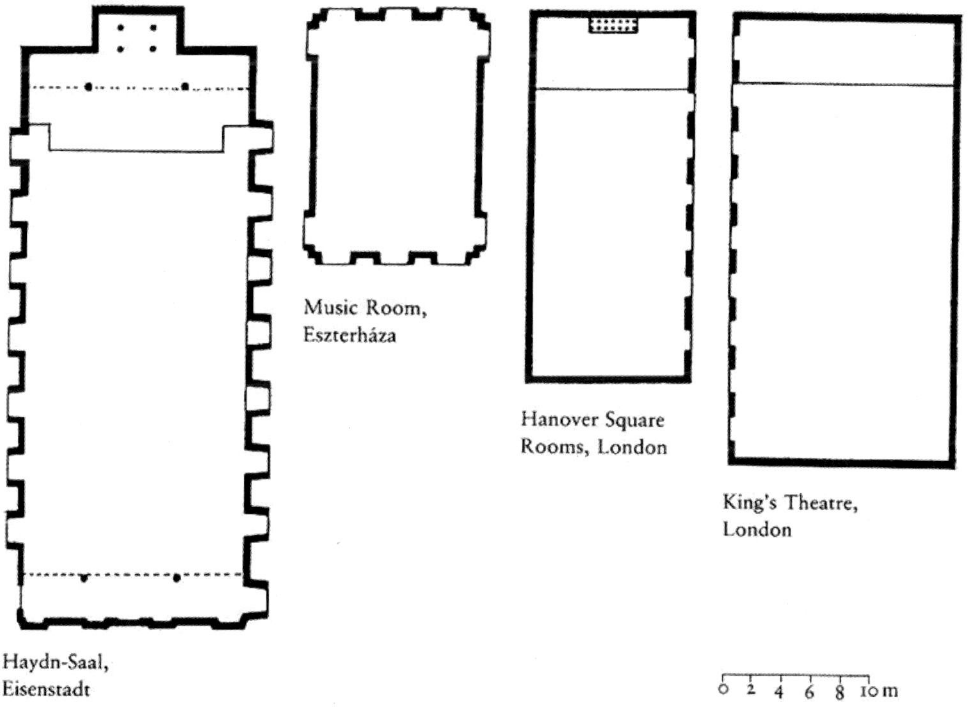

그림 7-3 하이든의 교향곡이 연주된 연주홀의 평면

Hanover Square는 1773년부터 1775년까지 런던의 소호(Soho)지역에 건립되어서 1775년에 개관한 이래 Bach와 Abel의 콘서트를 바흐가 죽은 1782년까지 개최하였고, 1783년부터는 당시의 유명한 음악인의 공연을 시리즈로 연주했던 가장 인기가 있는 음악회장 이었습니다. 당시에는 대중이 함께 참여할 수 있는 공연장의 원형이나 형태에 대한 개념이 없었기 때문에 런던에서 흔히 볼 수 있었던 연립주택의 건물형태로 지어졌습니다. 즉, 외관으로는 3층 규모의 일반 주택건물처럼 지어졌으나 내부는 커다란 공간이 그 안에 들어 있었던 것입니다. 따라서, 공연장의 높이는 건물 3층 이하의 규모 이었지요. 결과적으로 공연장의 평면은 직사각형 모양의 장방형을 이루고 무대는 한쪽 끝에 설치되는 모양이었습니다. 아직까지 2층 객석이나 발코니는 전혀 없는 모습입니다. 흥미로운 것은 객석의 배열이 중앙에는 무대를 정면으로 바라보고 앉아 있지만 측벽열은 측벽에 등을 대고 중앙 열을 바라보면서 앉아 있는 것입니다. 이러한 배치는 어디서 온 것 일 까요?

이것은 중세 고딕성당의 성가대 석에서 유래하였습니다. 교회에서 성가대가 서로 마주보고 배치되어 있던 오랜 관습이 이전에 없었던 음악실을 새로이 형성할 때에 다시 발현되어 측벽을 따라서 객석을 마주보고 배치하는 형식이 세워졌습니다. 이러한 형식은 20세기 초까지 유럽 전역에 전수되어 아직까지 유럽의 오래된 콘서트홀에 가면 이러한 객석의 배치를 볼 수 가 있습니다.

Hanover Square의 측벽이 평행하고 넓어서 측벽에 반사된 소리가 객석에 강하게 전달되는 구조입니다. 이곳의 음향은 매우 커서 모든 사람이 음악의 작은 소리까지 들을 수 있었으며, 악단이 포르테시모로 연주할 때에는 모든 사람이 그 소리와 음향에 전율을 느낄 정도로 소리통안에 들어가 있는 느낌을 주었습니다. 오늘날 음악당(Concert Hall)의 원형이 여기에서부터 시작했습니다.

그림 7-4 Hanover Square의 외관 (1775)

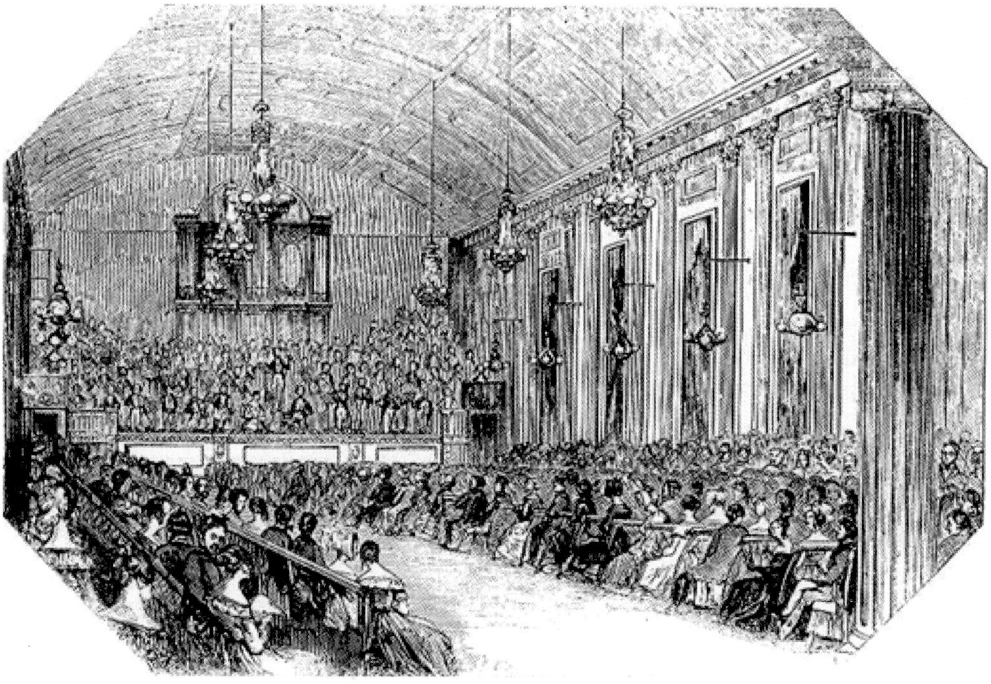

그림 7-5 Hanover Square Concert Room의 내부 모습 (1843년 공연 모습)

바흐의 도시 라이프찌히(Leipzig)에는 그 당시 유럽에서 가장 음향이 아름답고 좋다는 전설적인 음악당이 있었습니다. 바로 게반트하우스(Gewandhaus)입니다. 게반트하우스는 도면에서 보이듯이 기다란 평면에 양쪽 끝단이 곡선으로 되어 있고, 무대가 그 한쪽 끝에 배치되어 있습니다. 객석이 2부분으로 나누어져 있는데, 무대에 가까운 객석은 아예 무대를 쳐다보지 않고 서로 마주보고 있습니다. 2층에 벽을 따라서 갤러리(Gallery)가 있어서 객석이 다 찬 이후에는 사람들이 이곳에서 서서 음악을 듣곤 했습니다.

홀의 길이는 약 23m, 폭은 11.5m, 높이는 7.4m로 매우 콤팩트한 체적과 깔끔한 울림을 가지게 되었습니다. 또한, 게반트하우스는 목조로 지어졌는데, 실내도 바닥과 벽 천정까지 모든 부위가 목재로 구성되었습니다. 천정은 평평하지만 그 위에 반자가 구성되어 저음을 흡수하였습니다. 사진에서 보이듯이 게반트하우스의 실내는 이쁜 장식과 페인트로 마감되어 아름답게 치장되어 있습니다. 오케스트라 무대는 약 50 ~ 60명의 연주자를 수용하였는데, 무대의 면적이 전체 바닥면적의 약 1/4을 차지할 정도로 컸습니다. 무대가 약간 올라가 있는 것이나 객석 쪽으로 돌출해 있는 것이 당시의 Coffee House의 형태를 띄었습니다.

그림 7-6 독일 라이프찌히 올드 게반트하우스의 내부 (1781)

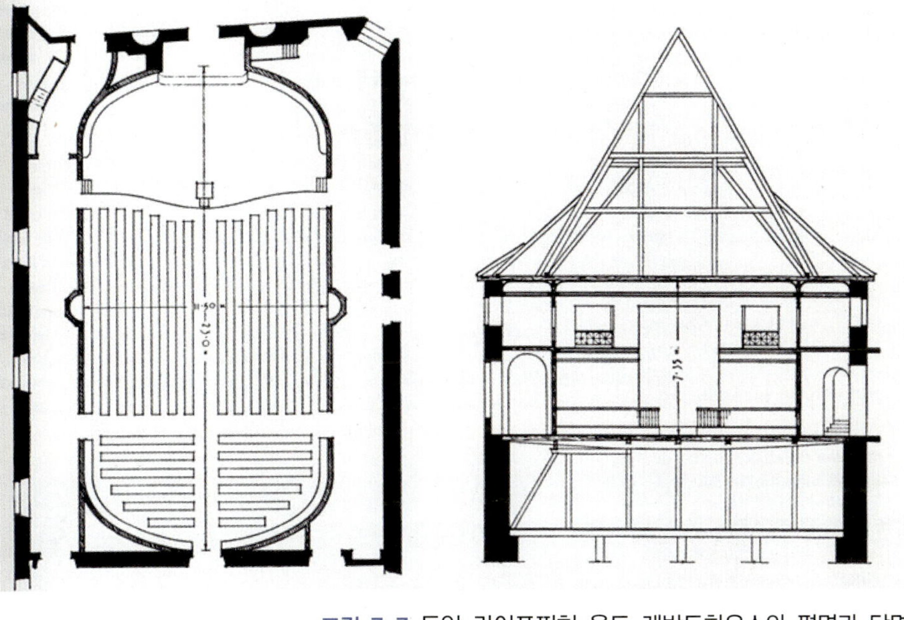

그림 7-7 독일 라이프찌히 올드 게반트하우스의 평면과 단면

게반트하우스는 당시 고전음악의 연주에 필요한 이상적인 요소를 다 가지고 있었다고 할 수 있습니다. 콤팩트한 체적과 강한 소리를 낼 수 있는 넓은 무대, 그리고 목재 마감으로 인한 저음의 흡음과 관객에 의한 중고음의 흡음이 적절하게 어울어진 공간입니다. 이러한 결과 당시 게반트하우스는 약 1.3초의 잔향시간을 가지고 있었는데, 이것은 매우 명료하고 깨끗한 소리를 전달하는데 최적인 조건이었습니다. 즉, 매우 다이내믹한 사운드가 가까운 곳에서 공간을 꽉 채우는 느낌이었습니다.

게반트하우스는 아름다운 인테리어와 훌륭한 음향으로 인하여 당시에 최고의 음악당으로 자리매김되었으며, 모든 음악가들이 이곳에서 연주하기를 희망하였습니다. 단지, 아쉬운점은 객석수가 400석으로 여유롭지 않았던 것이지요. 1781년 완공되어 약 113년 동안 유럽 최고의 음악당으로 군림하다가, 더 넓은 공연장의 필요에 따라서 1894년 철거되었습니다. 이후에 새롭게 석조로 다시 지은 게반트하우스를 Neues Gewandhaus라 불렀고, 이전의 게반트하우스는 알테스 게반트하우스(Altes Gewandhaus)라 구별하여 부르게 되었습니다.

Gewandhaus와 뗄 수가 없는 음악인은 멘델스존(Felix Mendelssohn-Bartholdy, 1809년~1847년)입니다. "19세기의 모차르트"라는 찬사를 받기도 했던 멘델스존은 부유한 환경에서 자라나서, 15세가 되기도 전에 이미 4편의 오페라와 여러 실내악곡과 피아노곡, 협주곡 작곡해 주변 사람들을 놀라게 했습니다. 그의 작품은, 바흐 · 헨델 · 베토벤의 영향을 강하게 받았으면서도 독일의 유명한 작곡가들을 세상에 소개한 공로자이기도 합니다. 그는 젊은 나이에 독일의 유서 깊은 악단인 라이프찌히 게반트하우스 오케스트라의 지휘자로 활동하면서 바흐를 비롯한 바로크 및 고전주의 음악들을 발굴하여 소개함으로서 세상에 그들의 음악을 널리 알렸습니다. 멘델스존은 게반트하우스에서 일하면서 오케스트라의 음향과 소리에 대한 많은 연구를 하였습니다. 그는 지휘자로서 바흐의 [마태수난곡]을 비롯한 위대한 고전음악의 걸작을 세상에 알리는 한편, 관현악 작곡가로서는 고전 오케스트라의 바탕에서 새로운 음향을 지향했습니다. 그의 위대함은 베를리오즈처럼 특수한 악기들을 사용하거나 악기편성을 확장하지 않고서도 새롭고 신비로운 음향을 개발해냈다는 데 있습니다. 그는 하이든과 베토벤 시대의 고전적인 악기편성의 틀을 유지하면서도 그 자신만의 비범한 음향 감각으로 마법과 같은 오케스트라 사운드를 만들어냈습니다. 옛 오케스트라로부터 새로운 소리를 이끌어낸 멘델스존은 진정한 관현악의 달인이라 할 만합니다.

[네이버 지식백과] 멘델스존 (오케스트라 교실, 최은규)

그 이후에 이와 비슷한 형태의 음악실이 유럽 곳곳에 생겨나기 시작하였습니다. 당시 런던에서 가장 큰 음악당은 King's Theatre로서 이 안에 있는 음악당은 길이 29.6m, 폭이 14.6m 이고 연면적이 1419㎡나 되었습니다.

그림 7-8 영국 런던의 King's Theatre 외관

8장
오페라의 탄생과 말발굽형 오페라극장의 출현

오페라(Opera)는 원래 Opus(라틴 어로 '작품'이라는 의미)의 복수형으로, 초기에는 오페라를 'dramma in musica'(음악극)'라고 불렀으나, 이후에 'opera in musica(음악작품)'로 불리다가, 이것이 생략되어 오페라가 된 것입니다. 오페라는 일반 연극처럼 의상 · 무대장치 · 조명 등을 갖춘 무대극으로, 등장인물들은 노래와 연기를 통해 이야기를 전개하고, 이야기의 줄거리는 주로 사랑 · 미움 · 질투 · 복수 같은 아주 격정적인 감정들을 환상적으로 표현합니다. 오페라는 보통 작곡가와 대본가의 공동 합작으로 만들어지며, 대본은 '리브레토(libretto)'('작은 책'이라는 의미)라고 부릅니다.

오페라의 탄생은 16세기 말(1597년) 르네상스 운동과 맞물려서 이탈리아에서 시작되었습니다. 당시 르네상스 운동의 중심지인 피렌체에 거주하고 있던 폴리치아노(Angelo Poliziano, 1454 ~ 1494)는 15세기 최고의 인문주의자로, 메디치가 로렌초 공작의 후원을 받으면서, 고대 그리스와 로마에 대한 풍부한 지식을 바탕으로 시와 극을 썼습니다. 그 당시의 문인들은 인문주의의 영향을 받아 고대문화 특히 고대 그리스 비극에 관심이 많았으며, 이것이 자신들의 극음악이 모방해야 할 모델이라고 보아, 그리스 신화 속에서 많은 소재를 사용하였습니다. 그들은 그리스 극에서 음악이 차지했던 역할을 발전시켜서 극 전체의 가사들을 모두 노래로 불려지게 편집하였고, 그 당시 이탈리아 카메라타 멤버들에게 전해졌으며, 이것이 바로크 시대 오페라 탄생의 시발점이 되었습니다.

카메라타의 멤버들이었던 작곡가들이 모노디 양식으로 된 음악극(dramma per musica)을 시도하였습니다. 고대 그리스극의 부활을 목표로 그리스신화에서 취재한 새로운 음악극 '다프네(Dafne)'가 오페라의 효시로서, 독창을 주로 하고 악기 반주가 따르는 단성음악적(單聲音樂的)인 작품이었다. 현재 악보가 남아있는 가장 오래 된 오페라는 '에우리디케(Euridice)'로서 이것은 극 전체에 음악이 붙여진 최초의 오페라로, 1598년에 코르시 백작의 궁정에서 초연되었습니다. 이 두 작품이 성공을 거두자 비슷한 작품들이 잇달아 발표되면서 피렌체로부터 이탈리아 전역에 보급되어 오늘날 오페라의 기원이 되었습니다.

그 후에 오페라는 베네치아에 보급되어 번창하였으며 베네치아악파의 작곡가 몬테베르디(Claudio Monteverdi, 1567 ~ 1643)는 오페라의 탄생 이후 가장 중요한 첫 오페라인 '오르페오'(그리스어로는 오르페우스)를 작곡하였습니다. 이 도시에는 1637년에 최초의 오페라극장이 개관되고 17세기 말에는 그 수가 약 15개소에 달하였습니다. 17세기 후기부터 오페라는 이탈리아 전역을 거쳐서 유럽 각국으로 퍼지게 되었습니다. 이후 각국에서 자신의 언어와 방식으로 오페라를 작곡하고 새로운 양식을 시도하였으나 일반적으로 이탈리아 오페라의 지배를 받았습니다.

본격적인 오페라의 발전은 글루크(Christoph Willibald Gluck, 1714 ~ 1787)의 오페라 개혁이 이루어진 1770년대입니다. 글루크는 빈에서 1762년 〈오르페오와 에우리디케〉를 발표하여 극과 음악의 통일이라는 점에서 오페라의 대개혁을 이룩하였습니다. 그후, 우리가 아는 많은 작곡가(모차르트, 하이든, 베토벤 등)들이 이탈리아 오페라의 테두리 안에서 독일음악의 특색이 풍부한 곡들을 작곡하였는데, 특히 모차르트는 〈피가로의 결혼〉 〈돈 조반니〉 〈마적(魔笛)〉 등의 명작을 작곡하여 공연하였습니다.

19세기에 이르자 오페라에도 민족적인 색채가 짙어졌습니다. 베버의 〈마탄의 사수〉(1821)에 의하여 독일 낭만파의 오페라가 시작되었으며, 이탈리아에서는 로시니, 도니체티, 벨리니의 3대 거성이 현대로 이어지는 이탈리아 오페라의 양식을 완성하였습니다. 프랑스에서는 그랜드 오페라 양식이 성하여 마이어베어가 활약하였으며 오페라 코미크도 출현하였습니다.

19세기 중반에는 두 사람의 대작곡가가 독일과 이탈리아에서 나타나 오페라를 독특한 무대예술로 향상시켰습니다. 바그너는 종래와 같은 오페라의 양식을 배제하고 종합예술작품으로서의 악극을 창시하였습니다. 대표작은 〈방황하는 네덜란드인〉 〈트리스탄과 이졸데〉 〈니벨룽겐의 가락지〉 〈파르치발〉 등입니다. 이탈리아에서는 베르디가 〈리골레토〉

〈라 트라비아타〉〈아이다〉〈오셀로〉 등 많은 걸작을 남겼다. 바그너와 베르디의 영향은 다음 시대에 크게 영향을 끼쳤습니다.

19세기 말의 이탈리아에는 베리스모(현실파)의 경향이 나타나서 마스카니, 레온카발로, 푸치니 등이 그 대표적인 작품을 작곡하였으며 독일에서는 R.슈트라우스가 바그너의 이상을 추구하였습니다. 그 후 20세기 까지 유럽 각국에서는 수없이 많은 오페라가 작곡되고 상연되었습니다.

[네이버 지식백과] 오페라의 탄생 (서양음악사 100장면, 2002. 7. 20., 박을미, 김용환)
[네이버 지식백과] 오페라의 역사 (두산백과)

그러면, 이러한 오페라는 어디에서 연주 되었을까요? 1637년에 베네치아에서 최초의 오페라극장이 개관된 이후. 이탈리아의 많은 도시에 오페라를 공연하기 위한 극장이 세워지기 시작하였습니다. 오페라는 극의 모든 대사와 스토리를 노래의 선율에 따라 부르며 진행됩니다. 그래서 악기를 중심으로 하는 기악곡과는 다르게 노래 가사를 이해할 수 있어야 합니다. 즉, 이전보다 선명하고 깨끗한 음향이 필요하다는 것입니다. 그리고 기악곡의 경우는 청각정보가 중요하지만, 오페라의 경우는 극장내의 모든 관객이 배우의 표정과 연기를 볼 수 있어야만 합니다. 즉, 음악당과는 다른 환경이 필요하다는 이야기이지요. 그러나 17세기에는 오페라극장에 대한 건축적인 양식이 없었습니다.

당시에 이탈리아에 있던 극장은 1628년에 지어진 파르마의 극장처럼 소리굽쇠와 같은 평면을 가지고 있습니다. 당시의 오페라가 그리스 연극에서 출발한 관계로 오페라가 시작된 이후의 극장은 그리스의 야외극장의 형태를 띠면서 시작되었습니다. 이전의 연극중심의 극장에서 노래와 연주가 병행되는 오페라를 수용하기 위하여 그리스 야외극장을 기반으로 하는 형태의 극장이 나타났습니다. 그림 8-2는 1654년 베네치아에 건립된 SS극장의 평면으로서, 이탈리아 바로크 오페라를 수용하기 위하여 지어진 최초의 오페라극장입니다. 여전히 객석의 평면이 파르마 극장의 모습처럼 U자형을 나타내고 있으나, 모든 주벽을 따라서 박스(Box)들이 생겨나고, 객석과 무대사이에 악단이 자리하고 있는 모습을 보이고 있습니다.

그림 8-1 Teatro Farnese, Parma
(Giovanni Aleotti, 1618-1628)

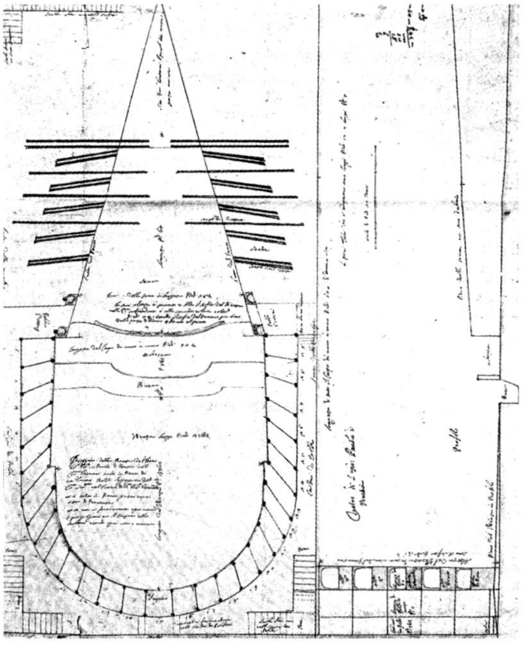

그림 8-2 Theatre of SS, Venice
(Carlo Fontana, 1654)

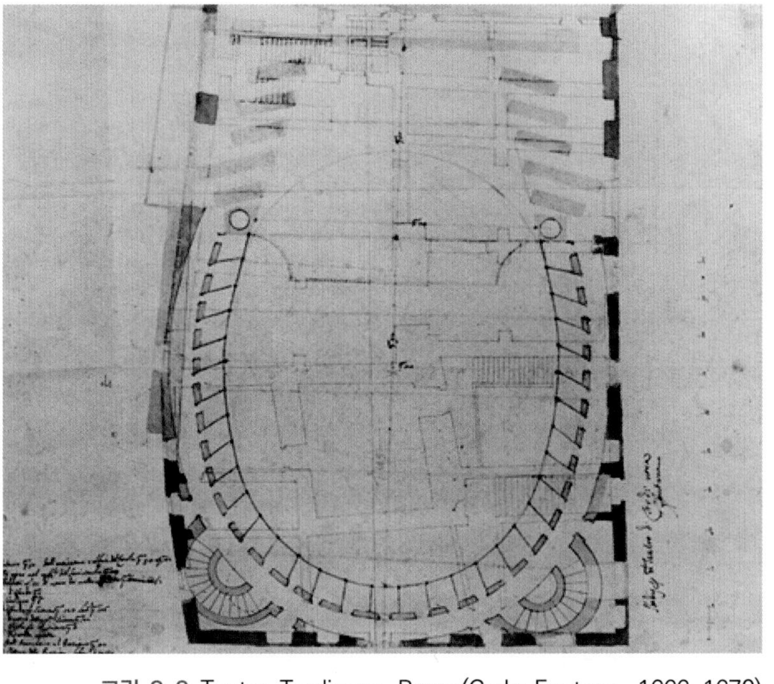

그림 8-3 Teatro Tordinora, Rome(Carlo Fontana, 1666-1670)

베네치아극장을 설계한 폰타나(Carlo Fontana, 1638~1714)가 이후에(1670년) 설계한 로마의 또르디노라 극장(Teatro Tordinora)을 보면 객석의 평면이 말발굽(Horseshoe) 형태로 변형된 것을 알 수 있습니다. 극장의 중앙선상에 있는 무대 뒤의 한 점에서 작도한 선이 극장의 측벽라인을 형성하고 있으며, 완만한 곡율의 곡선을 그리면서 객석 공간을 에워쌓는 형태를 가지고 있습니다. 이러한 형태는 많은 수의 관객을 무대를 바라보면서 가깝게 배치 할 수 있을 뿐만 아니라, 여러 층의 갤러리와 발코니로 둘러 쌓인 공간은 작정한 체적을 유지하여 노래와 기악에 맞는 약 1.2~1.4초의 잔향시간을 가지게 됩니다. 3차원적인 형태로는 실린더의 모양을 하고 있어서, 가수가 부르는 노래의 음향에너지가 콤팩트하게 갇혀진 체적의 공기를 충분히 가진 시킬 수 있는 조건을 제공함으로서, 모든 관객이 다이내믹한 육성의 노래를 잘 들을 수 있게 됩니다.

이러한 양식은 그 이후에 이탈리아 전역으로 퍼져서, 18세기 후반까지 오페라 극장의 전형으로 굳어졌습니다. 이러한 극장에서는 무대에 가까이 관객이 배치될 수 있고, 무대를 잘 볼 수가 있어서, 배우의 노래와 연기를 감상하는데 최적의 상태를 제공할 수 있었습니다.

Carlo Fontana가 타원형의 평면과 말발굽 모양의 오페라극장 형태를 완성함으로서 오페라극장의 형성기가 무르익을 때에, 이탈리아에는 오페라극장 건축분야에서 떠오르는 가문이 있었습니다. 그들은 갈리(Galli) 집안사람들이었는데, 한 세기동안 3세대를 거쳐서 수많은 오페라극장을 건축하고, 새로운 양식을 도입하였습니다. 그들의 고향인 볼로냐 근처의 지명을 따서 Galli-Bibiena 라고 불리웠습니다. 그들은 비엔나에서 시작하여 오페라극장 전문건축가이자 극장디자이너 및 오페라무대 세트 설계자로 전 유럽에서 명성을 떨쳤습니다. 그들을 대표하는 특징은 종모양이나 트럼펫 모양의 평면입니다. 기존의 말발굽 평면의 경우 무대 가까운 박스에서는 무대가 다 보이지 않을 뿐더러, 가수의 노래가 사면으로 들리게 되는 단점이 있었지만, 다물어진 끝을 벌어진 종처럼 벌리게 되면, 이러한 문제를 해결할 수 있기 때문입니다. 이것 역시 오페라를 잘 전달하기 위한 음향적인 관점에서 시도되었습니다.

이탈리아의 유명한 건축가 집안인 Galli-Bibiena 가문의 첫 건축가는 페르디난도 (Ferdinando, 1657 ~ 1743)와 프란체스코 (Francesco, 1659 ~ 1739) 형제였습니다. 페르디난도는 Parma의 Farnese 가에서 수석 건축가로 28년간 근무한 이후에 그의 가족들을 비엔나로 이주시켰고, 1708년 합스부르크 가문의 수석 건축가로 임명되었습니다. 그는 예각으로 보이는 무대디자인을 제시하여 보다 무대를 잘 보이게 함으로서 혁명적인 바로크식 무대효과를 창출한 최초의 사람입니다. 페르디난도의 형제 프란체스코는 훌륭한 오페라극장을 많이 설계하였습니다. 그의 첫 작품은 비엔나에 건축한 Rietplatz 오페라극장(1706 ~ 1708) 입니다. 이 극장은 1666년 비엔나에 지어진 최초의 오페라극장이었는데, 화재로 소실된 이후 재건한 극장입니다. 프란체스코는 두 개의 극장을 이곳에 지었는데, 큰 극장은 축제용 오페라를 위한 무대였고, 작은 극장은 음악희극(Musical Comedy)이나 연극을 위한 공연장이었습니다. 현대의 많은 문화공간이 대극장과 소극장으로 구성되어 다양한 장르의 공연을 수용하는 행태가 여기서부터 시작되었습니다. 프란체스코는 그 이후 Nancy Opera House, 로마의 Teatro Aliberti (1720), 베로나의 Teatro Filarmonica (1732)등을 지었는데, 베로나극장에서는 모든 박스들을 계단식으로 배치하여 보다 무대가 잘 보이는 시각선(Sight lines)을 주도록 설계하였습니다. 이 극장은 후에 1749년에 화재로 소실되었다가 1754년 재건되었으며, 1770년 모차르트의 첫 이탈리아 순회 연주회때 공연을 한 장소입니다,

페르디난도에게는 4명의 아들이 있었는데, 모두가 오페라극장 건축가가 되었습니다. 그중 가장 성공적으로 뛰어난 업적을 쌓은 사람은 셋째인 쥐세페 (Giuseppe, 1696 ~ 1757)와 넷째인 안토니오 (Antonio, 1700 ~ 1774)입니다. 쥐세페는 유럽 전체에서 가장 유명해진 건축가로서 그의 화려하고, 효율적인 무대설비로 유명하였습니다. 그는 비엔나에서 시작하여, 드레스덴, 뮌헨, 프라하, 베니스, 베를린의 극장을 두루 설계하였습니다. 그는 아버지 페르디난도의 사무실을 1723년 이어받아 1740년까지 대표건축가로 일하였습니다. 그는 합스부르크를 비롯한 유럽의 많은 왕가와 대귀족들을 위하여 극장을 짓는 일을 많이 하였습니다. 그의 작품 중에서 백미는 그가 말년에 건축한 바이로이트의 Markgrafliches Opernhaus (Margrave's Opera House, 1744 ~ 1748) 입니다.

이 극장은 프레데릭 황제의 누이이자 빌헬름 바이로이트 공작의 아내인 Margravine 부인을 위한 오페라극장인데 그녀는 아마츄어 오페라가수이며 오페라 극작가이자 애호가였습니다. 건물의 외관은 건축가 Saint-Pierre가 설계하였고, 내부는 쥐세페가 담당하였습니다. 이 오페라극장은 독일 전체에서 가장 화려하고 눈부신 내부로 유명하며, 바로크식 예술의 진수를 보여주고 있습니다. 이 극장은 1935년에 중건되어서 지금까지 사용되고 있습니다. 전형적인 종형(Bell-shape) 평면에 450석 규모의 4층 객석으로 구성되어 있으며, 1층은 평평해서 때로는 사교장으로 상용되곤 하였습니다. 이 극장의 내부는 모두 얇은 목재판으로 마감되었으며, 정성들인 도장과 금박으로 마무리 되었습니다. 수백개의 초를 밝혀 내부를 조명할 때 금박으로 치장된 표면들이 모두 빛을 내며 반짝이는 것이 압권이었습니다. 쥐세페의 아들 카를로 (Carlo, 1725 ~ 1787)는 쥐세페가 떠난 이후에 바이로이트 극장의 무대디자인을 위하여 10년간 일하였습니다.

여기서 주목할 점은 오래된 극장의 내부 장식과 치장들이 음향학적으로 매우 유용하다는 것입니다. 돌출된 기둥, 조각된 부조, 장식적인 몰딩과 음각 등이 해당되는데, 이것들은 소리가 표면에 닿았을 때 소리에너지를 여러 방향으로 확산시켜주는 역할을 합니다. 오늘날 공연장을 건축하는데 의도적으로 벽면을 가르거나, 표면을 거칠게 하고 울퉁불퉁한 표면으로 마감하는 것은 이러한 효과를 얻기 위한 것입니다. 확산은 모든 객석에서 고른 음향에너지를 얻게 하는데 매우 중요한 요소로 평가되고 있습니다.

그림 8-4 Markgrafliches Opernhaus, Bayreuth (Guiseppe and Carlo Galli-Bibiena, 1744-1748)

막내인 안토니오는 주로 이탈리아에서 일했습니다. 볼로냐에서 건축공부를 마치고 1716년 비엔나로 건너가 형 쥐세페의 사무실에서 일하다가, 쥐세페가 바이로이트로 떠난 이후에는 가문의 사무실을 맡아서 대표건축가가 되었습니다. 그가 이탈리아로 돌아와서 맡은 볼로냐의 Teatro Communale (1756 ~ 1763)는 그의 대표작이 되었습니다. 이 극장은 화재로 소실된 Teatro Malvezzi를 대체하기 위하여 지어졌는데 재정적인 문제로 수년을 지체하다가 1763년에 개관되었습니다. 이 극장은 고전적이고 건축학적으로 의미있는 프로젝트였는데 실내가 고대건축물의 외관처럼 보여졌습니다. 초등달 모양의 둥근 천장에 맞닿은 아치와 기둥사이로 박스들이 배치되었으며, 이전의 건물들이 화재로 소실되었기 때문에 불에 타지 않는 석재로 지어졌습니다. 그런데, 이전의 오페라극장들이 얇은 목재로 마감되어 소리에너지를 어느 정도 흡음한데 비하여, 이 극장은 소리를 반사하는 석재로 지어져서 음향이 매우 나쁘다는 혹평에 오래동안 시달렸습니다. 그래서, 1818부터 1821년 사이에 대대적으로 개수되었으나, 외관은 더 나빠졌다는 평을 받았습니다.

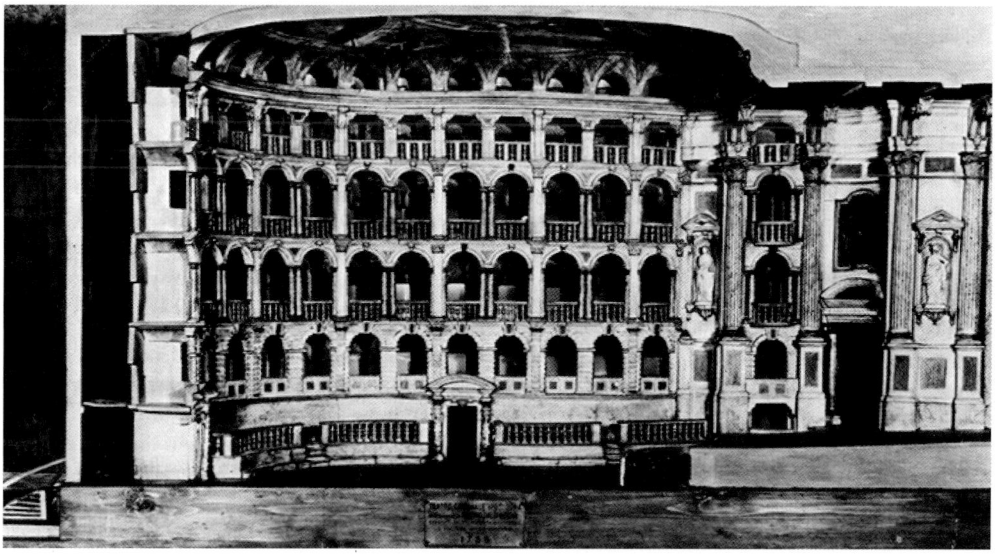

그림 8-5 Teatro Communale, Bologna (Antonio Galli-Bibiena, 1756-1763)

오페라극장의 음향

이탈리아 오페라극장의 가장 중요한 요소는 명료하고 깨끗한 음향이었습니다. 왜냐하면, 매우 빠르고 디테일하게 진행되는 음악과 노래 가사를 알아들을 수 있어야 했기 때문입니다. 특히, 모차르트나 로시니의 아리아에서 이러한 특징은 더욱 잘 드러나고 있습니다. 이것을 가능하게 하는 최선의 방법은 가능한 한 무대에 가깝게 객석을 배치하는 것입니다. 모차르트는 1791년 비엔나에서 '마술피리(Magic Flute)'를 공연한 이후에 그의 아내에게 쓴 편지에 이렇게 적었습니다. "그런데, 당신은 오케스트라에 가까운 박스에서 들었을 때 음악이 얼마나 매혹적인지 모를거야 - 이것은 먼 갤러리에서 듣는 것보다 훨신 좋아요"

오페라극장의 명료한 음향은 실내에 흡음재가 많아지면 더욱 좋아지게 됩니다. 이것은 특히 한껏 치장한 의상으로 성장한 관객들이 아래층 좌석과 박스들을 가득 매워서 전 객석이 만석으로 차 있을 때 더욱 향상됩니다. 관객이 많았을 때 연주자나 관객 모두가 감흥이 고조되고 더 큰 감동을 얻게 되는 것은 이러한 연유에서 비롯되기도 합니다. 음악당에 비하여 상대적으로 작은 공간에 많은 사람들이 운집하여 관람할 때 잔향시간은 짧아지게 되어, 음악적 디테일과 음성명료도를 낮추는 위험을 방지할 수 있게 됩니다. 또한, 당시의 극장 천정은 평평했는데, 돔이나 볼트천장처럼 오목한 표면에 의하여 발생되는 잠재적인 에코를 방지할 수 있었습니다.

그리고 마감재료 역시 매우 중요합니다. 오페라극장에서 고음부가 반사되는 동안에 저음부는 흡수되면 사람의 목소리와 오케스트라의 소리는 매우 깨끗하게 들리게 됩니다. 그것은 사람 목소리는 중음이상의 주파수 대역에 있기 때문입니다. 오페라극장에서 마감재로 주로 사용되는 얇은 판재는 이러한 효과를 내는데 적격인 소재입니다. 얇은 판재는 저음부는 흡수하고 중고음은 반사하기 때문이지요.

18세기 오케스트라 악기의 음량은 이후의 악기에 비하여 작았습니다. 점점 커지는 오페라극장에서 또 하나의 문제는 오케스트라 음악의 밸런스였습니다. 충분한 규모의 블렌딩된 소리를 내는 음악당의 오케스트라와는 달리, 오페라극장에서는 제한된 소규모의 악단으로 명쾌하고 깨끗한 소리를 내야 했습니다. 이 문제를 해결하는 유일한 방법은 오케스트라를 관객들이 볼 수 있게 노출시킴으로서 오케스트라 소리가 반사음보다는 직접 관객에게 도달하게 하는 것이었습니다. 이것이 전형적인 이탈리아식 오페라극장에서 오케스트라가 객석의 맨 앞열에 노출되어 위치하는 이유입니다. 때때로 오페라와 극장의 규모에 맞추어 오케스트라 연주자의 수를 조정하는 것도 병행되었습니다. Dresden의 Staatsoper 극장에서는 오케스트라의 관악기연주자 뒤에 커튼을 쳐서 음량을 조절하기도 하였습니다.

18세기 오페라극장에서는 종종 오케스트라의 소리를 확성하기 위한 장치를 사용하기도 하였습니다. 토리노의 Teatro Regio 극장(1740년 개관)에서는 오케스트라가 있는 나무바닥 아래에 전체길이에 해당되는 반원통형의 여물통을 조적으로 만들어서 놓았습니다. 이 여물통의 끝을 관으로 무대까지 연결하였는데, 여물통의 재료와 형태에 의하여 소리가 공명되고 반사되어서 오케스트라의 소리가 확성되도록 의도하였습니다. 그리고, 바닥 아래의 공기층에 의하여 나무바닥이 공진되도록 하게 하였습니다. 이러한 시도는 이탈리아 오페라극장에서 자주 사용되었으며 때로는 이 음향통이 그릴로 마감되어 노출되기도 하고 관객석까지 연장되기도 하였습니다.

그림 8-6 Teatro Regio, Torino (1740)
(Benedetto Alfieri, 1738-1740)

오페라가수의 소리는 무대 주위의 커튼과 장치물에 의하여 흡음되기 때문에 흔히 무대 밖으로 나가기 전에 급속하게 감쇠됩니다. 전무대(forestage)가 없는 극장에서는 가수의 소리를 반사할 바닥면이 없기 때문에 종종 무대 바닥 아래부터 객석열 바닥 아래 끝까지 벽돌로 공간을 만든 후에 물을 채웠습니다. 바닥 아래에 일종의 수로를 만든 것이지요. 수로 끝에는 그릴을 만들어서 소리가 물속에서 전달되어 가수의 노래는 객석 끝까지 잘 전달되었습니다. 그 효과가 그리 크지 않았지만, 당시에는 이것이 상당히 성공적이라고 여겨졌습니다.

오페라를 보러 가는 것은 대중의 습관이 되었습니다. 오늘날 많은 사람들이 영화관에 가는 것과 비슷하게, 오페라는 대중의 인기와 사랑을 받으면서 날로 성장하였습니다. 따라서 오페라 극장의 규모도 점차로 커져갔습니다. 1937년 나폴리에서 개관한 산까를로 극장은 당시에 가장 큰 오페라극장이었습니다. 이 극장은 전형적인 말발굽모양의 형태를 가지고 있으며, 1층 객석 외에 6개층에 총 184개의 박스로 이루어졌습니다. 외관은 전현적인 이오니아식 기둥과 열주로 구성되어 신고전주의적인 정면을 지니고 있었습니다.

그림 8-7 Teatro San Carlo, Napoli
(Giovanni Medrano & Angelo Caresale, 1737)

이탈리아 오페라극장의 정점은 역시 밀라노의 스칼라극장 (Teatro alla Scala, 1776 ~ 1778)입니다. 밀라노는 비엔나의 합스부르크 왕가의 지배를 받았으며, 18세기 당시 유럽의 문화와 지성을 대표하는 도시였습니다. 밀라노에 당시 있었던 오페라극장 Teatro Regio Ducale(1717)가 1776년 화재로 소실되자 마리아 테레사(Maria Theresa) 여왕의 윤허를 받고 건축가 삐에르마리니(Giuseppe piermarini, 1734 ~ 1808)가 설계하여 1778년 개관하였습니다. 이전의 극장에서는 모차르트가 여러차례 그의 오페라를 공연하였습니다.

스칼라극장은 당시까지 제일 규모가 크고 훌륭한 극장이었습니다. 거의 완벽한 말발굽모양의 둥근 형태에 2800석 규모의 객석을 수용하였고, 총 7층의 갤러리에 260개의 박스가 배열되어 있습니다. 건립당시 각 박스는 기부자나 구매자에 의하여 개별적으로 장식되거나 가구배치를 할 수 있었습니다. 밀라노 중심가의 삼거리에 있는 극장의 외관은 상대적으로 평범하였는데, 신고전주의 양식의 기둥으로 치장되었습니다.

스칼라극장은 무엇보다도 오페라에 맞는 훌륭한 음향과 아름다운 실내로 인하여 순식간에 이탈리아 오페라의 성지로 발돋음 하였습니다. 대규모 국가행사도 이곳에서 열리곤 하였습니다. 다만, 전체벽면적의 40% 이상이 박스로 이루어져서, 박스로 인한 개구부로 인하여 박스내의 앞열에서의 음향이 그리 좋지 않았습니다. 그러나, 박스로 인한 개구부에 의하여 반사된 음이 1층 객석의 음향을 더 밝게 만들었습니다. 스칼라극장은 지어진지 240여년이 지났지만, 지금까지 이탈리아 사람들의 자존심으로 남아있으며, 지금도 성황리에 매 시즌을 이어가고 있습니다. 세계의 모든 성악가가 한번쯤은 꼭 서보고 싶어하는 무대로서, 오랜 기간 사람들에게 꿈과 로망을 선사한 걸출한 극장입니다.

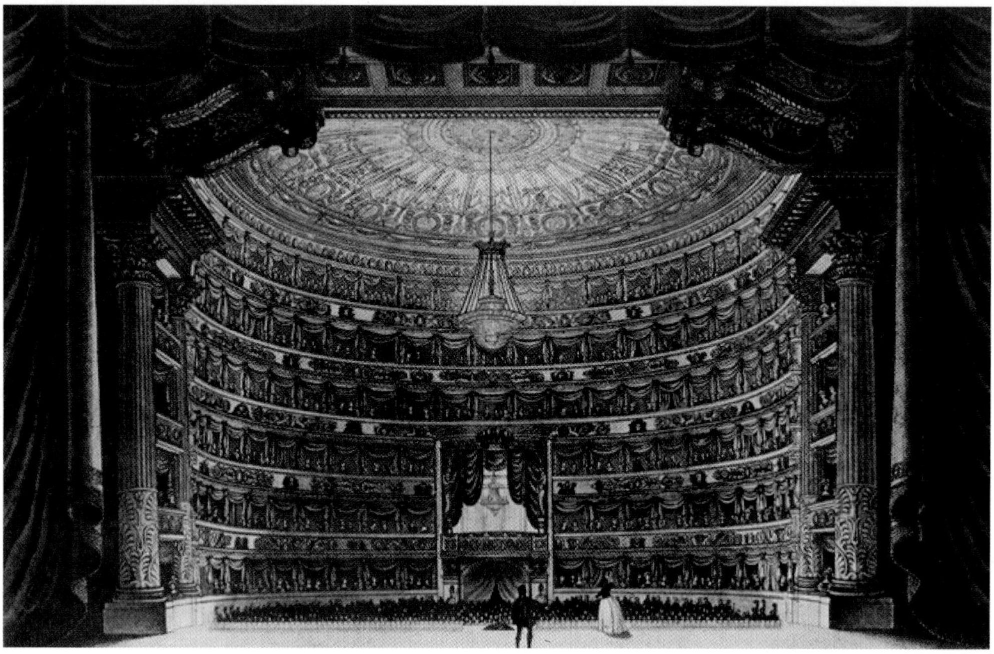

그림 8-8 Teatro alla Scala, Milano (Giuseppe Piermarini, 1776-1778)

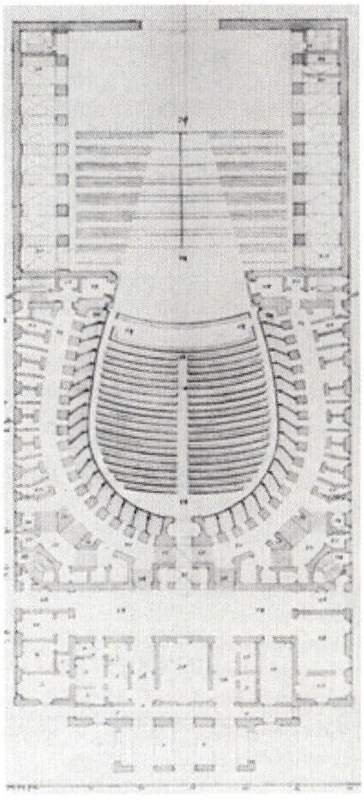

그림 8-9 Scala 극장의 평면

그림 8-10 스칼라극장의 정면모습 (2010년 촬영)

그림 8-11 중건되기 전의 스칼라극장의 내부모습

최초의 오페라극장이 지어진 베네치아에는 극장의 수가 모두 7개로 제한이 되어 있었습니다. 베네치아의 부가 융성해지고, 오페라에 대한 대중의 인기가 너무 커진 나머지, 1789년 베니스의 부유한 상인집단인 Nobile Societa가 시의회를 설득하여 8번째이자 유럽에서 가장 훌륭한 오페라극장을 짓기로 하였습니다. 설계공모를 통하여 당선된 건축가는 셀바 (Giannantonio Selva, 1751 ~ 1819)였습니다. 그는 당시 세계적으로 유행하던 합리적이고 검소한 신고전주의 양식으로 설계하였는데, 오페라극장을 베니스의 수로위에 건설하여, 기초를 쌓는데 많은 어려움이 있었으며, 사람들이 보트를 타고 접근하게 하였습니다. 총 6개 층에 걸친 객석이 전체적으로 타원형의 평면을 형성하고 있으며, 내부는 엄청나게 화려한 장식으로 치장하였습니다. 매 층마다 박스의 디테일과 장식을 달리하였으며, 당시 이태리 오페라의 3대 거장인 로시니(Rossini), 베리니(Bellini), 도니제티(Donizetti)의 오페라 전성시대를 이끌었던 극장입니다.

(a)

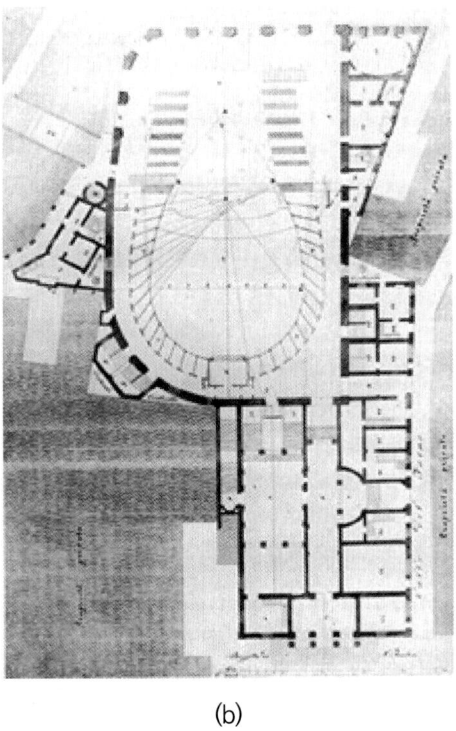

(b)

(c)

그림 8-12 Teatro La Fenice, Venice (Giannantonio Selva, 1792)의 내부전경과 평면

오페라극장의 박스는 부유한 계층의 상징이 되었으며, 박스의 음향이 상대적으로 나쁘지만, 이탈리아에서는 손님을 박스로 초대하는 것을 일상으로 여겼습니다. 시간이 지나면서 박스는 정치사회적인 이유로 말미암아 점차로 사라지게 됩니다. 독일에서는 박스사이의 파티션이 낮아지게 되었으며, 그 깊이도 얇아지게 되었습니다. 1742년 Knobelsdorff의 설계로 이탈리아식으로 베를린에 지어진 Staatsoper 오페라극장은 처음에는 일부의 박스만을 군장교들에게 개방하였으나, 1789년 모든 박스를 없애고 갤러리로 전환하여 일반 대중에게 개방한 최초의 오페라극장이 되었습니다. 그러나 사회적 계층의 관계로 인하여 박스는 아주 오래 동안 지속되었습니다.

이탈리아 오페라극장의 발전과 번영은 바로 유럽 전체로 확산되어 퍼져나갔습니다. 특히, 이탈리아 오페라극장이 박스 위주의 개인적인 공간 중심으로 지어진 것에 비하여 프랑스에서는 보다 개방적으로 발전되었다. 1780년 개관한 보르도(Bordeaux) 극장은 극장내 발코니와 두 개의 갤러리층이 모두 난간이 있는 객석으로 지어졌는데, 상대적으로 작은 공간과 개방된 객석으로 인하여, 매우 뛰어난 음향을 가지게 되었습니다. 무대앞에서 제일 먼 객석의 거리가 19.5m 밖에 되지 않았습니다. 이러한 작은 극장은 타원형의 뒷벽을 앞당겨서 거의 원형에 가까운 형태로 만들었습니다. 19세기 오페라극장과 견주어서 작지 않은 2층의 면적, 기념비적인 외관과 입구 및 대형 계단실 등으로 인하여 보르도극장은 18세기 프랑스 오페라극장의 으뜸이라고 할 수 있습니다.

그림 8-13 Staatsoper, Berlin (Knobelsdorff, 1742)

그림 8-14 Grand Theatre, Bordeaux (Victor Louis, 1777-1780)

18세기 말에 프랑스에서는 오페라극장 설계에서 매우 중요한 발전이 이루어 졌습니다. 그 대표적인 사례는 베르사이유 궁정에 지어진 오페라극장(Opera Versailles, 1768~1770)입니다. 이 극장은 루이 15세가 건축가 가브리엘(Ange-Jacques Gabriel, 1698~1782)에게 명하여 지은 극장인데, 말할 것도 없이 매우 사치스럽고 넘쳐나는 장식으로 마감되었습니다. 그러나 시각적으로 매우 뛰어났을 뿐만 아니라 음향적으로도 매우 훌륭한 극장이 되었는데, 그 이유는 적정한 체적과 재료에 있었습니다. 마감은 대부분 따뜻한 호박색 대리석을 닮게 도장된 목재 판넬로 구성되었습니다. 평면상으로는 무대에서 끝이 잘려진 원형으로 설계되었으며, 양쪽 측벽은 평행하엿습니다. 1층 객석은 바닥에서 올라와서 난간이 있는 원형극장처럼 되어 있었고, 3개의 갤러리는 뒤쪽으로 물려져서 배치되었습니다. 갤러리 상부에는 이오니아식 기둥의 열주가 배치되었고 갤러리 뒤벽에는 거울이 장식되어 있었습니다. 이러한 요소들이 상대적으로 더 명료하고 깨끗한 음향의 조건을 만들어서, 프랑스에서는 이 당시 이탈리아 오페라 부파(opera buffa)와는 달리 빠르고 유쾌한 템포의 오페라타(operetta)와 희가극 오페라 코미크(opéra comique)가 발전하게 되었습니다. 즉, 작은 체적의 밝고 명료한 음향에 맞는 오페라의 또 다른 장르가 만들어진 것입니다. 이후에도 프랑스에서는 계몽주의와 자유주의 사상의 물결에 영향을 받아서 매우 실험적이고 혁명적인 오페라극장의 시도가 많이 있었습니다.

그림 8-15 Opera Versailles (Ange-Jacques Gabriel, 1768-1770)

영국의 건축가 George Saunders는 그의 저서 'Treatise on Theatres'에서 당시의 오페라극장의 형태와 평면을 비교하여 분석하였습니다.(그림 8-16 참조) Fig.1은 앞서 설명한 나폴리의 Teatro San Carlo (Medrano & Caresale, 1737)이고, Fig.2는 로마의 Teatro Argentina (Marchese Teodoli, 1732), Fig.4는 Grand Theatre, Bordeaux (Victor Louis, 1777 ~ 1780)의 평면입니다. 같은 축척으로 비교하였습니다. 이탈리아 오페라극장이 말발굽형인데 비하여 프랑스의 극장은 원형에 가까운 것을 알 수 있습니다.

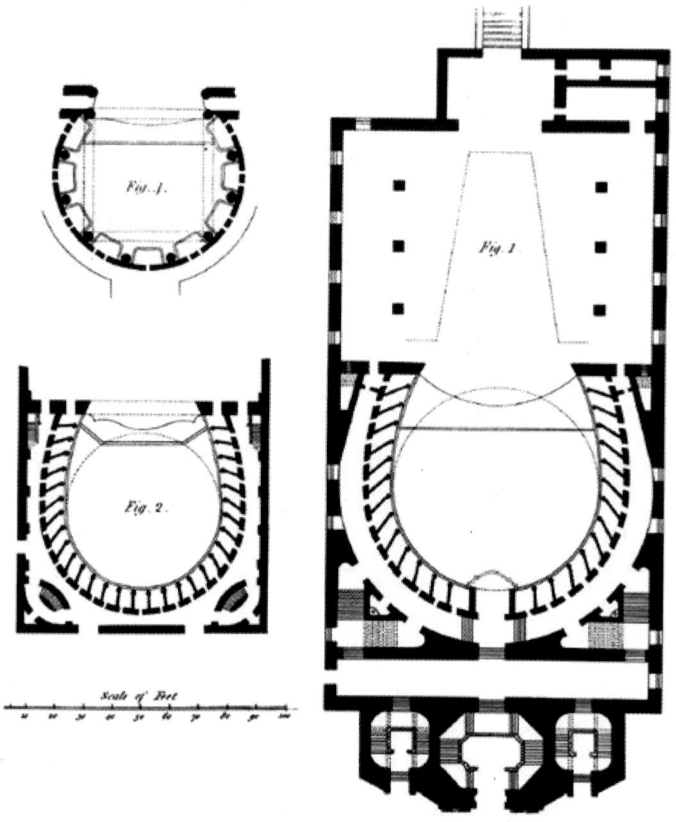

그림 8-16 George Saunders의 18세기 Opera House 평면 비교

또한 그는 가장 이상적인 오페라극장의 평면과 단면으로 설계안을 제시하였는데, 평면은 완벽한 원형으로 되어 있으며, 객석과 무대의 비율이 비슷합니다. 그리고 단면상으로는, 1층의 객석이 평평하지 않고 경사져 있으며, 갤러리는 이탈리아 오페라극장의 영향을 받아 파티션으로 구획된 박스로 구성되어 있습니다. 앞서 보신 오페라 극장의 도면과 비교해 보면 평면상으로는 Bordeaux 극장과 흡사하고, 그 규모는 San Carlo 극장과 비슷한 것을 알 수 있습니다.

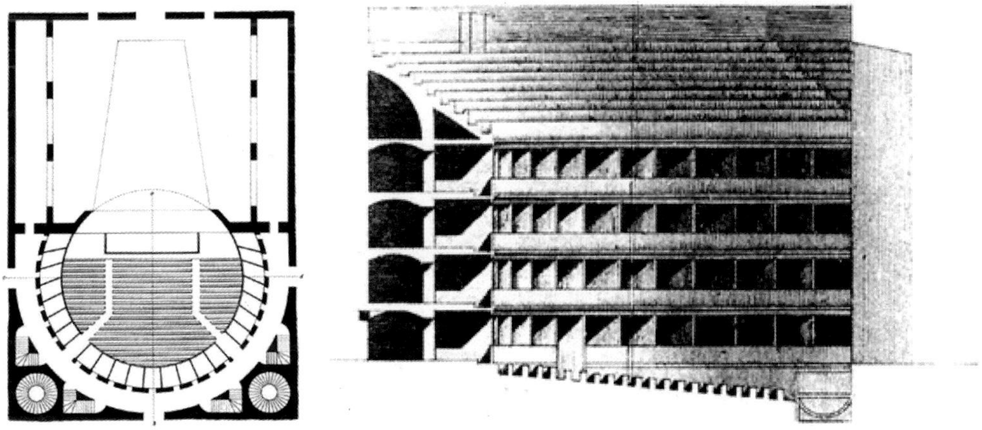

그림 8-17 George Saunders의 이상적인 오페라극장 평면 및 단면

이와 같이, 오페라극장을 어떻게 지어야 할 것인가에 대한 많은 생각과 시도가 있었습니다. 당시의 문화와 경제 그리고 예술사적 기조가 바탕이 되어 시도되었지만, 가장 중요한 것은 '오페라'라고 하는 새로운 장르의 예술을 수용하기 위한 시각적, 청각적 수요가 우선되었다는 것입니다. 오늘날에는 현대화된 기능과 설비를 갖춘 극장에서 과거의 오페라를 공연합니다. 오페라를 담는 그릇으로서의 오페라극장은 오페라의 탄생으로부터 지금까지 그리고 앞으로도 계속 이루어질 것입니다.

9장
19세기 낭만주의 음악과 Shoebox 음악당의 유행 - 3대 Shoebox type Concert Halls

19세기에 들어서, 음악적 사조는 낭만주의로 전환되면서 음악이 보다 대중화 되고 일반화 되었습니다. 또한, 음악적으로 다양한 형식의 시도와 확장이 이루어지면서 음악에 대한 대중의 선호도로 각기 다르게 나타나기 시작하였습니다. 기악곡의 스케일도 커져서, 고전주의 시대에 50명 이하의 연주자 규모에서, 100명에 가까운 Grand Scale의 대편성으로 전환되었습니다. 따라서 보다 큰 규모의 무대와 객석이 요구되기 시작하였습니다.

고전주의 시대에는 상대적으로 작은 규모의 홀이나 공간에서 연주함에 따라, 음이 명료하고 깨끗하게 들리는 것을 선호하였습니다. 빠른 템포의 곡들이 연주되었고, 이에 따라 음향적으로는 보다 짧은 잔향시간이 요구되었습니다. 당시 최고의 음향을 가진 음악당으로 평가된 게반트하우스는 약 1.3초의 잔향을 가지고 있었습니다. 그러나 낭만주의 음악사조가 유행하면서 곡들은 템포도 더 서정적이고 느리면서 장엄하게 연주되었습니다. 이에 따라 음악당의 잔향시간도 더 긴 공간이 필요하게 되었습니다.

이 시점에 나타난 것이 구두통과 같이 장방형의 직육면체와 같은 Shoebox 타입의 음악당입니다. 이러한 형태는 하이든 이후 Early Music Room에서 이미 그 시초가 있었고, Hanover Square에서 그 효시를 볼 수 있습니다. 그러나 19세기 초기의 음악당을 보면, Exeter Hall에서 보이듯이 직육면체의 공간 안에 아직은 발코니나 갤러리가 없이 객석과 무대만 분리되어 있는 것을 알 수 있습니다.

그림 9-1 영국 Exeter Hall의 내부 (1831)

지금 우리가 이야기 하는 고전음악(Classic)은 처음으로 일반 대중에게 사랑받으면서 인기가 있었던 그 당시 대중음악이었습니다. 점차로 음악회를 찾는 사람들이 많아지기 시작하면서 더 큰 규모의 음악당이 필요하게 되었습니다. 그림 9-2는 음악이 일반 대중예술로 확고하게 자리했던 1850년 영국 런던에 지어진 성마틴 홀 (St. Martin's Hall)입니다. 19세기 말 이후의 음악당에는 주 연주홀 이외에 부속실, 로비, 관객 대기실, 연주자실, 악기실 등 연주에 필요한 공간들이 함께 지어졌으나, 이 당시에는 오로지 연주홀만 건물 내에 있었던 것을 알 수 있습니다. 사진에서 볼 수 있듯이, 관객의 수가 많아지고, 천정이 높아졌을 뿐만 아니라, 무대 위의 연주자와 합창단의 수도 이전과는 비교할 수 없을 만큼 커진 것을 알 수 있습니다.

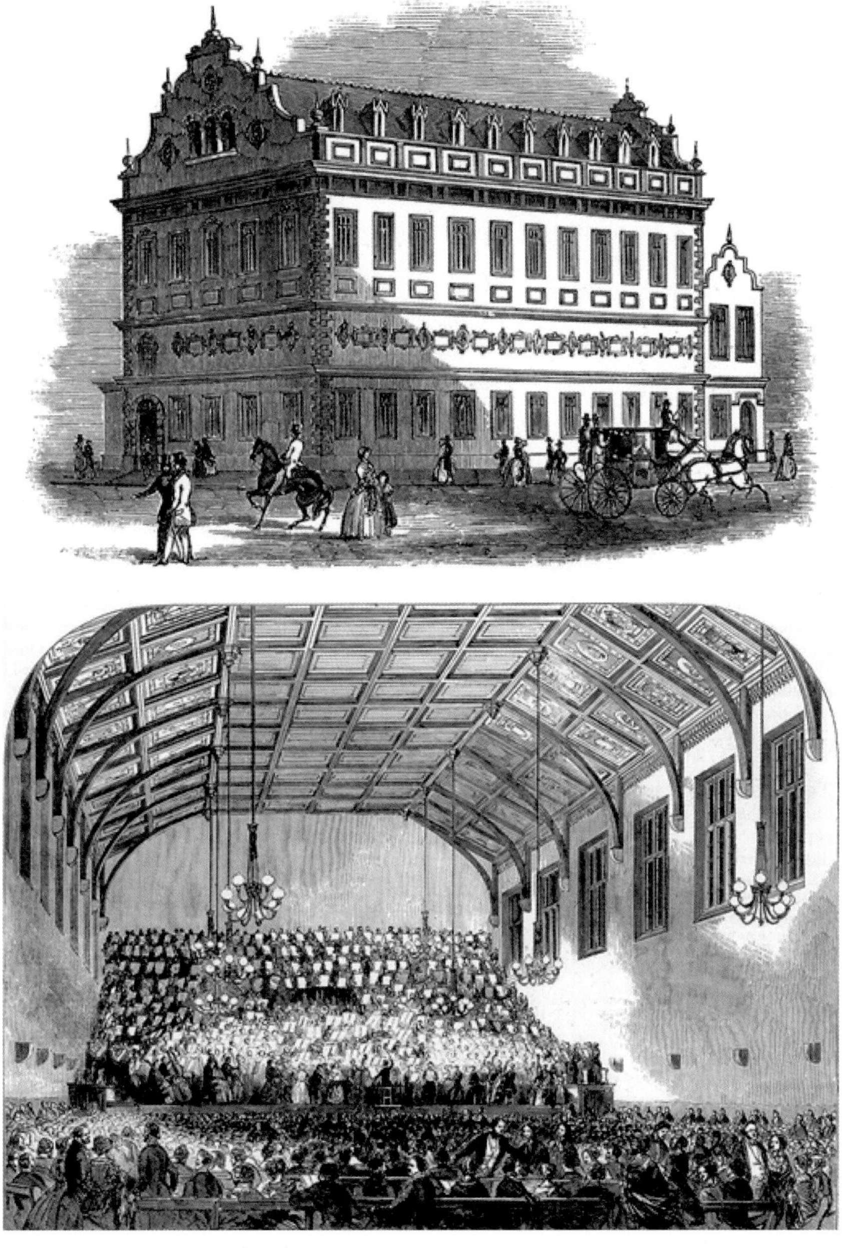

그림 9-2 성마틴 홀 (St. Martin's Hall)의 외관과 내부 (1850)

본격적인 Shoebox 형태의 음악당은 19세기 중엽 이후에 등장하였습니다. Shoebox 음악당이 그 이전과 다른 것은 객석이 더 많아지고, 측벽과 객석의 뒤쪽에 2층 및 3층의 발코니가 도입된 것입니다. 또한 천정이 높아져서 실내의 체적이 커짐에 따라 충분한 잔향시간을 확보 할 수 있게 되었습니다. 천정은 평평하고 측벽은 평행하지만, 그 표면에는 여러가지 장식과 조각, 부조 등으로 마감되어 소리를 확산하는 효과를 얻게 됩니다. 그리고 천정은 격자무늬의 coffer형태로 구성되어서 천장을 반사한 소리가 전 객석으로 전달되게 하였습니다. 건물은 기본적으로 석조로 지어졌으며 실내도 관객에 의한 흡음외에 흡음량을 최소화하여 소리가 매우 생동감 있고, 박진감 넘치는 다이내믹을 느낄 수 있게 만들어 졌습니다. 실내마감은 주로 목재위에 플라스터나 치장페인트, 그리고 그림으로 마무리 되었습니다. 모든 목재는 몰딩을 갖추어서 표면이 모두 평평하지 않고 요철이 있어서 음향적으로는 반사와 확산이 매우 잘 일어나게 하였습니다. 흥미로운 것은 객석의 배치는 중세의 고딕성당과 17세기 초기 음악당에 나타난 형식을 그대로 유지함에 따라, 측벽열의 객석이 중앙열의 객석과 직각으로 배치되는 것이 하나의 전통으로 굳어지게 되었습니다. 1860년 이후에 이와 같은 Shoebox 형태의 음악당이 유럽 전역의 도시에 유행처럼 세워지기 시작하였는데, 그 중 아직도 많은 음악당이 지금까지 현존하면서 사용되고 있습니다.

표 5는 19세기 말에 건립된 유럽(북미포함)의 대표적인 Shoebox Concert Hall의 만석시 중간주파수 대역의 잔향시간을 나타나낸 것입니다. 고전주의 음악의 산실이었던 Gewandhaus를 제외하고는 대부분의 홀들의 잔향시간이 1.8초 이상인 것을 알 수 있습니다. 이중에 비고란에 A로 표시된 홀들은 미국의 Beranek 교수가 조사한 전 세계의 음악당 중에 가장 음향이 좋다고 평가된 그룹에 속한 홀들입니다. 즉, 낭만주의 음악시절을 대표하는 음악당이라고 할 수 있습니다.

표 5. 19세기 말에 건립된 유럽(북미포함)의 대표적인 Shoebox Concert Hall

음악당 명	위치	건립연도	수용인원 (명)	만석시 잔향시간(초)	비고
Grosser Musikvereinssaal	Vienna	1870	1680	2.05	A
Stad-Casino	Basel	1876	1448	1.8	A
Neues Gewandhaus	Leipzig	1884	1560	1.55	1981년 재건
Odd Fellow Palaet	Copenhagen	1886	1272	2.0	
Concertgebouw	Amsterdam	1887	2037	2.0	
St. Andrew's Hall	Glasgow	1887	2133	1.9	
Grosser Tonhallesaal	Zurich	1895	1546	2.05	A
Symphony Hall	Boston	1900	2625	1.85	A

그림 9-3은 당시 건립된 Shoebox 형태의 음악당 중에서 가장 유명하고 뛰어난 3개의 대표적인 Concert Hall의 평면과 단면을 나타낸 것입니다. 오스트리아 Vienna의 Grosser Musikvereinssaal, 독일 Leipzig의 Neues Gewandhaus 그리고, 네덜란드 Amsterdam의 Concertgebouw 음악당입니다. 평면의 아래 부분은 일층을 나타내고, 윗부분은 이층을 나타내고 있습니다. 모두 직사각형의 평면과 박스형의 단면을 가지고 있는 것을 알 수 있습니다. 이중에 Neues Gewandhaus를 제외한 두 음악당은 지금도 활발하게 음악회가 열리는 공연장으로 사용되고 있습니다. 당시에는 Neues Gewandhaus가 유럽에서 최고의 음향을 가진 홀로 평가 되었으며, 이곳에서 많은 전설적인 공연이 이루어 졌습니다. 그러나 2차 세계대전 당시 연합군의 폭격으로 인하여 이 아름다운 음악당은 소실되었으며, 지금 있는 Gewandhaus는 그 이후에 세 번째로 지어진 음악당입니다.

이와 같이 장방형의 Shoebox 형태가 유럽 전체에서 콘서트홀의 전형으로 자리매김하면서 하나의 패턴으로 굳어지게 되었습니다. 그래서 유럽의 도시마다 이와 같은 콘서트홀이 매우 짧은 기간 동안 많이 지어지게 되었습니다.

표 6에는 당시 지어진 3대 Shoebox Concert Hall의 건축제원과 만석시 잔향시간을 나타내고 있습니다. 상대적으로 작은 체적을 가진 Neues Gewandhaus를 제외한 두개의 홀은 2.0초대의 잔향시간을 가지고 있습니다. 이러한 음향은 대규모 오케스트라와 긴 프레이즈의 감성적인 낭만주의 음악에 최적인 환경을 제공하였습니다.

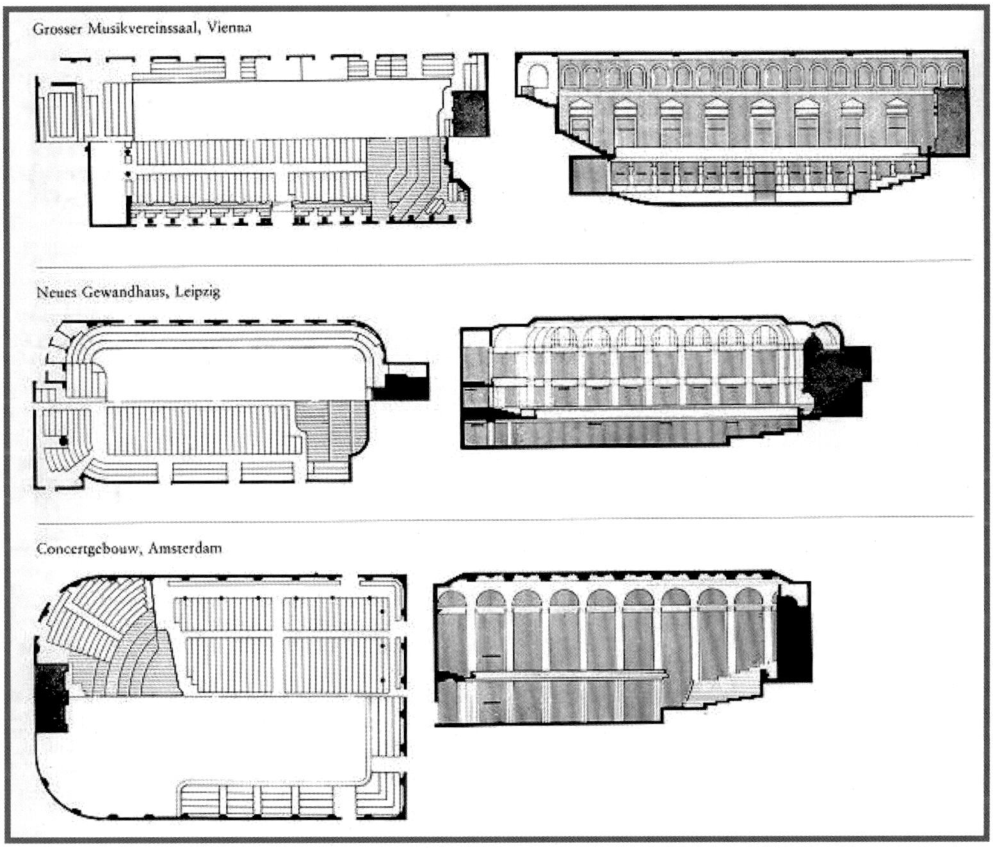

그림 9-3 3대 Shoebox 형태 Concert Hall의 평면과 단면

표 6. 3대 Shoebox Concert Hall의 제원

음악당 명	체적 (m3)	길이(L)	폭(W)	높이(H)	만석시 잔향시간
Vienna Grosser Musikvereinssaal	15,000	49.2 m	19.8 m	18.0 m	2.05 초
Leipzig Neues Gewandhaus	10,600	41.6 m	19.4 m	15.0 m	1.55 초
Amsterdam Concertgebouw	18,780	43 m	28.5 m	17.1 m	2.0 초

Vienna에 있는 Musikvereinssaal은 현존하는 Shoebox 형태의 음악당 중에서 가장 대표적인 곳입니다. 세계의 3대 교향악단 중에 하나인 Vienna Philharmonie Orchestra의 전용홀로 지금까지 사용되고 있는데, 그 이유는 이 음악당이 가지고 있는 뛰어난 음향과 아름다운 내부공간 때문입니다. 현재까지 세계에서 가장 뛰어난 음향을 가진 음악당으로 많은 음향학자와 음악가 그리고 비평가의 평가를 받고 있습니다. 극장이 지어진지 백오십년이 되었는데도 지금도 매주 공연이 끊이지 않고 있으며,

모든 음악인과 애호가들의 사랑을 받는 콘서트 홀로 자리매김하고 있습니다. 그 이유는 어디에 있을까요.

Musikvereinssaal의 내부모습을 보면, 두 측벽이 평행하고, 음악당의 폭과 높이가 거의 비슷한 긴 형태입니다. 천정이 높아서 체적이 커지면 잔향시간도 길어지게 되죠. 또한 측벽이 모든 객석에 가깝게 있어서 측면으로 부터의 강한 반사음이 확보될 수 있습니다. 이것은 매우 중요한데, 사람의 귀가 두 개이기 때문에 두 귀에 입사되는 소리의 차이가 클수록 현장감이 커지게 되기 때문입니다. 이것을 양이효과(Binaural Effect)라고 합니다. 내부를 보시면 어떠한 부분도 평평한 곳이 없습니다. 천정은 모두 우물천장과 같은 코퍼(Coffer)로 되어있으며 표면이 울퉁불퉁하게 되어있습니다. 벽을 보면 조각 같은 기둥과 부조 그리고 오너먼트한 것들이 표면을 장식하고 있습니다. 이것이 소리를 확산하는 요소입니다. 2.1초에 가까운 풍부한 잔향시간과 더불어 이 홀의 음향을 어디에도 비교할 수 없는 예술로 만든 요소입니다.

전면의 무대 벽에는 파이프오르간이 설치되어 있고, 무대가 음악당의 한쪽 끝에서 홀의 전체 폭을 차지하고 있습니다. 이런 배치 양식을 End-Stage 방식이라고 합니다. 오늘날 우리가 많이 볼 수 있는 공연장은 무대와 객석이 프로세니엄에 의하여 분리되는 형태를 가지고 있습니다. (그 이유는 여러 가지 공연형태를 동시에 사용하고자 하는 목적 때문입니다) 즉, 무대의 공간과 객석의 공간이 완전히 분리되어 있지요. 그러나 Shoebox 형태의 음악당에서는 무대와 객석이 하나의 공간 안에 같이 있습니다. 이것이 음악의 소리를 직접음과 강한 일차 반사음만으로 들을 수 있는 양질의 환경을 만들게 되는 결정적인 요소입니다. 여기도 보시면 측벽에 놓여있는 객석들은 1층이나, 2층이나 아직도 가운데 있는 사람들과 직각방향으로 자리가 배치되어 있는 것을 볼 수 있습니다. 콘서트홀 이층에는 발코니가 있고 이층 측면에는 갤러리가 있는 이러한 형식이 전형적인 Shoebox 타입 콘서트홀의 양식이 되었습니다.

그림 9-4 Vienna Musikvereinssaal 의 내부 전경

그림 9-5 Vienna Musikvereinssaal 의 천정과 측벽열

두 번째로 지은 Gewandhaus는 1884년에 1560석 규모로 완공되었습니다. 다른 도시의 Shoebox 타입 공연장보다 작은 규모로 지어졌는데, 체적 또한 상대적으로 콤팩크해서 잔향시간이 약 1.55초로 비교적 짧았습니다. 그 이유는 이전에 있었던 Altes Gewandhaus에서 찾을 수 있습니다. 첫 번째 Gewandhaus는 1781년에 지어져서 18세기 후반의 고전주의 음악의 산실이었습니다. 짧은 잔향시간(1.3초)에 맑고 깨끗한 음향을 가지고 있었지요. 라이프찌히의 음악인들은 이에 대한 향수와 지금까지 들어온 음향에 가까운 소리를 원했다고 할 수 있습니다. 결과적으로는 이러한 음향적인 환경이 이곳에서, 전통적인 바로크음악과 고전음악의 많은 작품들이 연주되게 된 배경이 되었습니다. 즉, 게반트하우스의 전통을 이어서 큰 스케일의 낭만주의 음악(Romantic Music)뿐만 아니라 상대적으로 작은 규모의 고전음악(Classical Music)을 함께 즐길 수 있는 타협점의 산물이었다고 할 수 있습니다.

그림 9-6은 1891년에 그려진 라이프찌히 게반트하우스에서의 공연장면입니다. 제게는무대 중앙의 지휘자가 당시 게반트하우스의 한때를 풍미하던 멘델스존처럼 보입니다. 전형적인 박스형의 공연자에서 성장을 한 관객들이 음악에 집중하고 있습니다. 예외없이 Shoebox 타입 음악당의 객석 배치를 보여주고 있습니다. 다른 점은 이층 측벽열에 있는 갤러리가 계단식으로 배치되어 있어서, 훨씬 무대의 소리를 직접 들을 수 있는 음선이 형성되었다는 것입니다.

뉴 게반트하우스는 그 당시에 엄청나게 유명했던 콘서트홀이었으며, 올드 게반트 하우스에 이어서 가장 아름답고 훌륭한 음향을 가진 음악당으로 평가되었습니다. 또 하나의 게반트하우스의 전통은 당시에 새로이 작곡된 곡(Contemporary Music)을 연주하지 않고, 이미 음악적으로 완성되고 인정된 고전음악과 낭만음악 즉, 게반트하우스가 건립되던 당시 까지의 음악만을 주로 연주하였다는 것입니다. 그 이유는 그 작품들의 음악성을 제대로 구현하기 위하여 게반트하우스의 음향을 맞추어서 지었기 때문입니다. 음악과 공연장의 밀접한 상관성을 보여주는 예라고 할 수 있습니다. 이런 점에서 볼 때, 라이프찌히는 독일음악을 대표하는 진정한 음악인들의 성지라고 생각됩니다. 바흐부터 멘델스존까지...

음향학적으로나, 건축사적으로도 매우 안타까운 것은 이렇게 아름답고 역사적인 게반트하우스가 2차 세계대전 당시 나치의 군수공장이 많았던 라이프찌히에 대한 연합군의 공습의 희생이 되었다는 것입니다. 오늘날처럼 정밀하지 않은 폭격에 의하여 1944년 2월 이 아름다운 음악당은 전파되었습니다. 그 이후 1984년이 돼서야 라이프찌히에 세 번째 게반트하우스를 건립하였는데, 이 공연장은 매우 현대적인 평면과 외관으로 지어졌습니다.

그림 9-6 라이프찌히 게반트하우스의 공연모습 (1891년 전경)

그림 9-7 라이프찌히 게반트하우스의 초기 내부모습 (1886년)

Amsterdam에 있는 Concertgebouw는 1887년 당시에는 Shoebox concert Hall 중에서 가장 큰 2140석 규모로 건축되었습니다. 이곳을 베이스로 활동하는 교향악단이 Amsterdam Concertgebouw Orchestra입니다. 이 음악당의 특징은 폭이 29m나 되어 유사한 Shoebox 형태의 음악당의 평균 폭의 1.5배나 되며, 체적 또한 18,780m^{3}으로 게반트하우스보다 약 2배 가까이 컸습니다. 암스테르담의 도심 광장 가까이 있는 이 음악당은 현재까지도 네덜란드에서 가장 권위있고 유명한 공연장이자 음악회로 명성을 얻고 있습니다.

공연장의 사진을 보시면 천장이 모두 우물정자 모양의 코퍼(Coffer)로 되어 있으며, 화려하지는 않지만, 오래된 마감과 디자인이 음악적인 무게감을 주고 있습니다. 이 음악당의 또 다른 특징은 무대입니다. 다른 공연장과 달리 무대가 객석으로 돌출돼서 나온 전형적인 오픈 스테이지(Open Stage) 형태를 가지고 있으며, 무대 뒤쪽에도 객석이 배치되어 있는 최초의 공연장입니다. 즉, 오케스트라가 객석으로 둘러 쌓여 있는 에레나(Arena) 스타일의 초기 형태를 보여주고 있습니다.

그림 9-8 Amsterdam Concertgebouw의 정면사진

그림 9-9 Amsterdam Concertgebouw 음악당의 내부전경 (2015년 촬영)

이와 같이 유명하고 오래된 장방형의 음악당들은 몇 가지 중요한 음향적인 특징을 가지고 있습니다. 첫째는 상대적으로 좁은 객석 바닥면적입니다. 20세기의 3000석이 넘는 대형 음악당에 비하여 좌석수도 작지만 200석에 가까운 사람들이 다소 빽빽하게 비좁은 좌석에 밀집하여 앉게 되어 있어서, 음향의 친밀도(Intimacy)가 높다는 것입니다. 즉, 어떤 단면상으로도 객석이 오케스트라와 멀리 떨어져서 음선이 멀어지는 경우가 없다는 것입니다. 이것은 현대 음향학에서 매우 중요하게 여기는 음향요소입니다. 친밀도가 높으면, 관객 스스로가 오케스트라 가까이 있는 청각적인 효과가 나타나게 됩니다. 이것이 좁은 바닥면적에 비하여 상대적으로 큰 체적을 제공하는 높은 천장과 합해져서 풍부하고 충만한 음향감을 창출하게 되는 것입니다. 특별히, 체적과 바닥면적의 비율은 매우 중요한 요소인데, 그 이유는 옷을 입은 관객이 중음역부터 고음역대의 소리에너지에 대한 매우 강한 흡음체이기 때문입니다.

이러한 박스형의 장방형 음악당은 보통 중음역대에서 만석시 약 2초의 잔향시간을 가지게 됩니다. 이것은 꽉 찬 듯한 톤(full-tone)의 잘 블렌딩 된 소리를 내며 특별히 저음역대에서 매우 풍부한 소리를 만들어 줍니다. 마치, 소리가 갑자기 없어지는 것이 아니라 천천히 부드럽게 사라지는 듯한 느낌을 주게 되는 것이지요. 강한 잔향은 또한 오케스트라의 전체적인 사운드에너지가 증가하는 효과를 주게 됩니다. 마치 피아노에서 페달을 밟으면 나는 효과와 같이 이러한 요소는 특히 대규모 음악당에서는 더욱 중요합니다. 동시에, 장방형 홀의 좁은 폭은 관객 중 누구도 측벽에서 멀리 떨어지지 않게 함으로서, 청중이 직접음을 들은 이후에 측벽에서 반사된 강한 반사음을 바로 들을 수 있게 하는 결과를 가져옵니다. 이것이 음악적인 명료도를 상승시키는 요인이 됩니다. 또한 오케스트라가 포르테로 연주할 때에 소리가 공간을 꽉 채우는 듯한 효과를 주게 됩니다.

장방형 홀의 발코니는 음향적으로 매우 중요합니다. 왜냐하면, 측벽으로 방사된 소리는 발코니의 전면과 발코니 하부천정에 부딪혀서 1층 객석으로 내려오기 때문입니다. 만약에 발코니가 없다면, 측벽으로 향한 소리는 관객의 머리 위로만 다니고 1층에 도달하지 않게 되기 때문입니다. 발코니는 또한 홀의 폭을 음향적으로 더 좁혀주는 효과를 가져다 줍니다.

이러한 장방형의 음악당이 모두 음향적으로 성공한 것은 아니었습니다. 많은 홀들이 실패하였는데, 거기에는 모두 이유와 결과가 있게 마련입니다. 그 대표적인 것인 1953년에 독일 뮌헨에 지은 헤라클레스 홀(Herkulessaal)입니다. 이 음악당은 19세기 말의 유명한 장방형홀의 비율과 형태를 도입하여 마치 카피하듯이 지었습니다. 차이는 재료와 내부 표면에 있었지요. 현대적인 건축재료인 콘크리트를 사용하고 벽체의 표면을 평탄하게 마감한 결과 잔향시간은 약 2.2초 까지 올라갔으나, 소리가 섞이지 않고 울리기만 할 뿐 아무런 음향적 감흥이 없었습니다. 그 이후 흡음을 더하기 위하여 벽면에 거대한 직조로 된 타피스트리와 커튼를 걸어서 해결해 보려 하였지만 잔향시간만 짧아졌을 뿐 음악당의 생명인 음의 충만함과 풍부한 톤이 살아나지 못하였습니다. 그래서 지금은 아무도 사용하지 않는 음악당이 되었을 뿐만 아니라, 가끔 강연장으로나 사용되는 처지가 되었습니다. 충분한 체적과 더불어 음악당에 필수적인 것은 풍부한 확산효과입니다. 오래된 장방형의 음악당들이 오랜시간 공을 들여서 벽과 천장을 치장하고 장식한 것은 눈을 즐겁게 한 것뿐만 아니라, 소리가 닿는 표면에 불규칙한 요철을 형성하여 소리를 확산시켜주는 것이 더 중요한 기능이었다는 것을 간과한 것이지요.

18세기 후반부터 시작된 장방형의 Shoebox형 음악당은 오랜 세월에 걸쳐서 우리에게는 이미 친숙한 공연장의 형태로 자리 잡았습니다. 오늘날, 기하학적이고 비정형적인 형태의 공연장이 새롭게 지어지고 있지만, 장방형의 음악당은 그 음향적인 우수성과 검증된 결과로 인하여 최근에도 세계 도처에 지어지고 있을 뿐만 아니라, 앞으로도 질 것을 믿어 의심치 않습니다.

10장
Garnier Style Opera House
- Opera Garnier, Paris (1875)

가르니에(Charles Garnier, 1825 ~ 1898)는 파리 오페라극장을 설계한 건축가입니다. 18세기부터 시작된 유럽의 오페라극장의 건축적인 기능을 발전시키고, 대규모 그랜드 오페라(Grand Opera)를 수용할 수 있는 오페라극장의 전형을 제시하였으며, 오늘날 현대 오페라극장이 갖추고 있는 거의 모든 기능과 설비뿐만 아니라, 건축적 평면과 단면의 형태를 완성한 사람입니다. 즉, 지금의 오페라극장의 모습을 처음으로 제시한 인물이라고 보면 되겠습니다.

그가 설계한 대규모의 오페라극장은 매우 화려하고 아름다운 외관을 가지고 있을 뿐만 아니라, 그 스케일과 규모와 육중한 매스를 통하여 도심의 랜드마크 역할을 하였습니다. 그의 오페라극장은 항상 도심 한가운데 위치하고 있어서, 많은 사람들의 접근이 용이하였습니다. 당시 오페라는 이미 그 형식상으로나 예술성에서 완성된 장르로 자리매김하였기 때문에 시민들 사이에서 폭발적인 사랑과 인기를 얻고 있었습니다. 그들의 욕구와 열망을 채워줄 대규모 공간이 요구되었습니다. 가르니에는 이러한 사회적인 요구를 만족시켜 줄 수 있는 새로운 오페라극장의 건축방식을 제시하고 실제로 극장을 완성하여 세상에 내 놓았습니다. 그의 많은 작품가운데 가장 위대한 백미는 파리 오페라 극장입니다. 파리 오페라극장은 1875년 공식 개장하였으며 고전으로부터 바로크까지 양식을 혼합한 신바로크 양식(Neo-baroque)의 건물로서 건물의 외관과 내부가 모두 조각과 그림을 비롯한 다양한 장식품으로 아름답고 화려하게 꾸며졌습니다. 이 오페라 하우스가 처음 완성되었을 때 극장의 이름은 설계자인 가르니에의 이름을 따서 'Opera Garnier'라고 불렀습니다. 그만큼, 그의 명성과 전문성은 사회적으로 인정받고 성공한 업적으로 평가되었습니다. 1978년에 파리 오페라극장으로 이름을 바꿨습니다. 파리 오페라 극장은 인기 있는 뮤지컬 'Phantom of the Opera'의 배경이 되는 극장입니다.

극장 건축을 살펴보면 일단 그 규모가 엄청 큽니다. 극장의 평면과 단면을 보시면, 객석의 천정은 거대한 돔으로 되어있고, 무대 상부는 박공지붕으로 되어 있습니다. 무대는 길이 25m, 폭 50m로 한 번에 450명이 설수 있는 본무대 이외에 좌우 무대와 후무대까지 있어서, 여러 막으로 구성된 장편의 오페라를 공연할 수 있게 지어졌습니다. 무대 상부공간도 매우 커서, 대규모의 오페라를 위한 조명시설과 각종 배경 및 효과를 수용할 수 있습니다. 무대 뒤쪽에는 연습할 수 있는 리허설 홀이 별도로 있어서, 이 극장을 베이스로 하는 파리 국립 오페라단(Opéra Nationalde Paris)이 상주 하고 있습니다. 파리 오페라극장의 압권은 계단실과 전실에 있습니다. 극장의 전면 입구를 통하여 극장에 들어가면, 거대한 계단실(Grand Escalier)을 거쳐서 대연회장(그랑 푸아예)에 입장하게 되는데, 계단실은 형형색색의 대리석으로 치장되어 있고 계단실 홀은 30m 높이로 천정까지 뚫려 있습니다. 오페라극장 최전면에 있는 대연회장은 내부와 천장이 모두 그림으로 장식되어 있으며, 유리로 된 방갈이 화려한 샹들리에 조명과 아름다운 장식으로 마감되어 있습니다. 낮에는 창문으로부터 눈부신 햇빛이 들어오고 바닥은 대리석으로 되어있습니다. 이곳은 많은 관객들의 사교장이자 막간의 휴식공간으로 사용되고 있습니다.

오페라 가르니에 극장의 내부 모습을 보면, 전형적인 말발굽형식의 평면에 2층부터 4층까지의 갤러리는 칸막이가 되어 있어서 관객들이 무대를 향하여 집중할 수 있게 하였습니다. 천정의 돔에는 샤갈의 대작 '꿈의 꽃다발' 그림이 그려져 있고, 크고 화려한 샹들리에가 매달려있습니다. 객석의 관객들은 멋있게 장식된 프로세니엄을 통해서 오페라를 감상하게 되는데, 마치 잘 만들어진 프레임에 넣어진 한 폭의 그림을 보는듯 한 느낌을 받게 됩니다.

그림 10-1 사진은 1895년 오페라극장의 초기모습인데 자동차 대신에 마차들이 운행되던 시대였습니다. 마차를 타고 오는 귀족들이나 부유한 상인들은 오페라극장의 전면이 아니라 극장의 측면으로 마차를 타고 들어와서 입장하였습니다. 지금도 오페라 극장에 가시면, 마차길이 곡선으로 2층까지 램프처럼 잇는 것을 보실 수가 있습니다. 지금은 10-2 사진처럼 파리의 메트로(Metro)가 오페라극장 앞 광장으로 연결되어 있어서 메트로에서 나오면 바로 파리 오페라극장의 전면을 볼 수 있습니다. 오페라극장 앞 광장에서는 항상 많은 버스킹이 열리고 있어서 많은 관광객과 시민들이 모여서 이를 감상하느라, 북새통을 이루고 있습니다.

당시 파리 오페라극장은 비제나 구노 등의 프랑스 오페라 작곡가들의 작품이 매일 공연되었습니다. 또한, 유럽의 오페라 중에서 이곳에서 공연되는 것이 성공의 지표가 될 정도였습니다. 파리 오페라극장은 당시의 건축과, 미술, 음악과 실내장식 등의 유행과 문화를 대표하는 문화의 전당의 결정체라고 할 수 있습니다. 가르니에 극장은 대중들을 끌어들이기에 조금도 부족함이 없이, 모든 것을 갖춘 새로운 차원의 공연장이었습니다. 이러한 이유로 가르니에가 설계한 오페라극장의 모습을 'Garnier Style'이라 불리우게 되었습니다. 당시 장방형의 슈박스 타입의 콘서트홀이 음악당의 전형으로 정착되었듯이, 오페라 극장에서는 개선된 말발굽형의 가르니에 스타일이 유럽을 포함한 전 세계에서 오페라 하우스의 전형이 되었습니다.

이런 가르니에 스타일의 오페라극장이 유럽의 도시에 유행처럼 지어지게 되었으며, 유럽을 넘어서 북미와 남미에 까지 퍼지게 되었습니다. 표 7은 Garnier 스타일의 Opera 극장들이 지어진 유럽과 서구사회의 도시들과 그 건립연도를 보여주고 있습니다.

19세기 중반부터 지어진 가르니에식 오페라극장은 지금까지 여러 곳에 남아서 아직도 본래의 제 기능을 수행하고 있으며, 오페라 문화의 역사와 함께 각 지역의 건축과 예술 및 문화의 아이콘으로 자리잡고 있습니다.

표 7 서구 도시에 지어진 가르니에 스타일의 오페라극장들

오페라 극장명	도시	건립연도 (년)	수용인원 (명)	객석 층수
Royal Opera House	Covent Garden London	1858	2120	5
Opera Garnier	Paris	1861 1875 재개관	2131	5
Staatsoper	Vienna	1869 1955 재건	1709	7
Semper Oper	Dresden	1878 1985 재건	(1450)	5
Metropolitan Opera House	New York	1883 1966 재축	3780	6
Philadelphia Academy of Music	Philadelphia	1857	2827	4
Teatro Colon	Buenos Aires	1908	2487	7

제가 마지막으로 다루고 싶은 주제는 Garnier vs Wagner라는 주제입니다. 한사람은 오페라극장의 대미를 작식한 건축가이고, 떠 한사람은 독일의 작고가이자 음악입니다. 제가 왜 이런 주제를 택했냐하면 이 두 사람의 사례를 통해서 지금까지 제가 이야기 한 공연장과 음악, 건축과 음악이 얼마나 밀접한 관계가 있는지를 아주 잘 나타내주는 증거이기 때문입니다.

그림 10-1 파리 오페라극장의 전면 (1895년 전경)

그림 10-2 파리 오페라극장의 전면 (2014년 촬영)

a) 외관모습

b) 단면

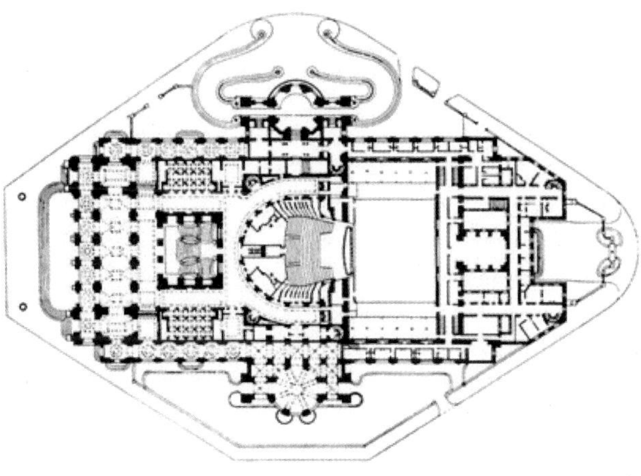

c) 평면

그림 10-3 파리 오페라극장 개관시 도면 (1875)

그림 10-4 파리 오페라극장의 대연회장 전경

그림 10-5 파리 오페라극장의 객석 돔 천장화

그림 10-6 파리 오페라극장의 객석전경

그림 10-7 파리 오페라극장의 무대전경 (2014년 촬영)

11장
바그너(Wagner)와 바이로이트 축제극장

2014년에 독일의 베를린부터 뮌헨까지 여행할 기회가 있어서 독일 남동부의 바이로이트(Bayreuth)에 들렸습니다. 인구가 7만명 밖에 되지 않는 작은 소도시인데 세계인이 사랑하는 유명한 도시입니다. 그 이유는 매년 7월말부터 8월말까지 한 달간 열리는 바이로이트 페스티벌 (Bayreuth Festival) 때문인데, 바이로이트 페스티벌은 1876년부터 시작한 음악축제로 그 주요 콘텐츠는 바그너(Richard Wagner, 1813~1883)입니다. 축제기간 중에 세계각지의 바그너 매니아, 일명 바그네리언(Wagnerian), 들이 몰려와서 바그너의 음악을 즐기는 유럽의 대표적인 축제이지요.

유명한 바그너축제가 이곳에서 열리는 이유는 단 한 가지, 바그너가 직접 설계한 축제극장(Bayreuth Festspielhaus)이 이곳에 있기 때문입니다. 바그너는 당시 전 유럽의 도시마다 지어지고 유행하던 말발굽형태의 Garnier style 오페라홀이 자신의 오페라(일명 악극)에 맞지 않다고 생각하여, 바이에른의 왕 루트비히 2세(Ludwig II)의 재정적 후원을 받아서 1876년 그 당시 시골이었던 이곳 바이로이트에 자신의 음악을 위한 오페라극장을 건축하였습니다. 초기에는 드레스덴 궁정극장의 설계자인 고트프리트 젬퍼에게 의뢰하였다가 라이프치히의 건축가 오토 브뤼크발트에게 수정하게 하였고 오페라홀의 가장 중요한 객석과 무대는 바그너 자신이 직접 설계하여 완성하였습니다.

바그너가 극장을 설계할 때 중요하게 고려한 것은 두 가지였습니다. 음향과 건축(무대)이였지요. 첫째는 그의 음악이 연극에 바탕을 둔 새로운 형태의 악극이었기 때문에, 기존의 이태리식 오페라보다 대사와 지문이 많아서 훨씬 명료하고 깨끗한 음향이 필요하였습니다. 둘째, 그의 오페라는 주로 독일 게르만족의 신화나 고전에 바탕을 두고 있어서 웅장한 스케일의 무대와 배경 및 설비가 갖추어진 건축적 공간이 필요하였습니다. 이를 위하여, 바그너는 자신의 웅대한 스케일의 악극에 어울리는 거대한 무대를 만들고, 무대보다 깊고 낮은 곳에 계단식의 오케스트라를 배치하여 관객의 시선에서 오케스트라가 보이지 않도록 하였다. 그 이유는 모든 관객이 자신의 새로운 악극에 집중하기를 바랬기 때문입니다. 이전의 오페라극장에서는 오케스트라가 무대앞에 노출해 있어서, 무대를 바라보는데 시각적으로 방해가 되었기 때문입니다.

또한, 측면에 발코니석이나 박스석을 두지 않고 지금까지는 없었던 부채꼴의 형상을 도입하여, 모든 객석을 로마의 야외극장에서와 같이 경사지게 배치하였습니다. 그 이유는 자신의 악극을 모두가 잘 보고 잘 들을 수 있게 하기 위해서 입니다. 그 결과 모든 관중이 무대를 정면으로 바라볼 수 있게 되었으며, 공연 때는 객석의 조명을 모두 꺼서 관객이 무대에만 집중할 수 있게 하였습니다. 그리고 극장의 생명인 음향에 있어서, 가수의 소리가 오케스트라에 의하여 간섭받지 않고 관객에게 직접 명확하게 전달되는 효과를 얻을 수 있었습니다.

바그너의 축제극장은 그 당시 주류를 이루고 있었던 가르니에 스타일의 오페라극장과 많은 면에서 대비되었습니다. 무대와 객석부터 좌석까지 거의 모든 면에서 오페라극장과 다르게 건축되었는데, 이 모든 것이 바그너가 추구한 음향과 예술적 효과를 위한 것이었습니다. 표 8은 Garnier 스타일의 오페라극장과 바그너 축제극장의 차이점을 나타낸 것입니다.

바그너 축제극장은 바이로이트의 도심에서 떨어진 조용한 교외의 공원에 위치하고 있습니다. 바그너는 사람들이 자신의 음악을 듣기위하여 집에서부터 마차를 타고 출발할 때부터 새소리와 바람소리 등 자연을 느끼면서 자신의 음악에 대한 상상을 할 것을 기대하였습니다. 또한 그의 극장은 도심에 있는 화려한 오페라극장과 달리 매우 검소하게 지어졌지만 모든 것이 그의 요구에 따라서 기능적으로 건축되었습니다. 심지어 객석의 좌석까지도 딱딱한 나무의자로 지었는데, 그것은 공연내내 관객들이 자신의 작품에 몰입하기를 기대한 바그너의 의도 때문이었다고 합니다. 극장의 실내에는 로비의 입구부터 극장 내부까지 고대 그리스시대의 열주와 함께 그리스 로마시대의 원형극장과 같이 경사진 객석으로 전체가 구성되어 있습니다.

표 8 Garnier Style 오페라극장과 바그너 축제극장의 차이점

항목	Garnier Style Opera House	Wagner 축제극장	축제극장의 다른점
위치	도심 한복판	시골의 야외	조용한 자연속에 위치
형태	말발굽형 (Horse-shoe type)	부채꼴형 (Fan-shape)	무대로부터 평균 이격거리가 짧음
객석의 기울기	Flat (평탄함)	가파른 경사	그리스 야외극장의 기울기 참조
발코니 객석층수	평균 5-7개의 원형발코니	2개 (2-3열)	객석 후면에 배치
객석수	평균 2000 석	1800석	
발코니 객석의 비율	평균 60%	10% 이하	발코니 객석의 최소화
객석의 높이	평균 18-20m	12.8m	
무대	일체형 주무대와 측면무대	거대한 주무대와 후무대	무대상부 높이가 1.5배 -웅대한 스케일의 효과
오케스트라 피트	무대전면에 위치 (visible)	무대하부에 계단식으로 배치 (Invisible)	객석에서 오케스트라가 보이지 않음
좌석	쿠션 좌석	딱딱한 나무	객석의 흡음량을 줄이고 관객의 집중도 유지
주요 마감재료	흡음재 및 플라스터	목재	
실내 인테리어	바로크 및 로코코 풍	고전 로마식 열주	

처음에 그가 바이로이트의 교외에 지금까지 보지 못했던 이상한 창고같은 극장을 짓는다고 많은 사람들이 비웃고 비난하였지만 그는 자신의 이상과 철학을 고수하고 그 이전까지 유래가 없었던 독특한 스타일의 극장을 지었습니다. 오직 그의 음악만을 위하여...

1876년 8월 13일, 리하르트 바그너 축제극장의 개관을 기념하는 첫번째 무대로 〈니벨룽의 반지〉전곡이 공연되었습니다. 당시로서는 획기적인 양식의 새로운 극장에서의 공연인데다, 오페라 〈니벨룽겐의 반지〉는 바그너가 추구하던 낭만주의 음악과 독일

서사문학이 결합한 음악극(Musikdrama)양식의 총체로서 의미가 큰 작품이기 때문이었습니다. 특히 4부 〈신들의 황혼〉(Götterdämmerung)을 포함해 〈니벨룽겐의 반지〉 전곡이 연주된 것은 처음이었던 만큼 음악 애호가들의 주목이 집중될 수밖에 없었다. 〈니벨룽의 반지〉 공연이 성공을 거두자 애호가들은 바그너의 새로운 작품을 갈망하게 됐으며, 1882년에 바그너의 마지막 오페라 〈파르지팔〉이 초연되면서 바이로이트 페스티벌은 본격적인 음악제로 발돋움하기 시작했습니다.

오늘날 바이로이트 음악제가 세계 음악계에서 독보적인 위치를 차지하고, 바이로이트가 바그너의 성지가 된 것은 지금은 오래되어 낡았지만, 당시 바그너가 자신의 악극에 부합되는 가장 이상적인 음향을 가진 극장을 설계했기 때문입니다. 이러한 이유로 1876년 개관한 이후로 축제극장에서는 바그너의 음악이외에는 지금까지 다른 음악을 연주하지 않고 있습니다. 현재 향후 10년간의 표 예매가 이미 완료될 정도로 바이로이트 음악제는 경제적으로도 대단한 효과와 더불어 바이로이트 시에 엄청난 부가가치를 창출하고 있습니다. 매년 한 여름 40일간 열리는 바그너 음악축제 기간중에 전세계의 바그너 음악 애호가(Wagnerian)들이 이곳에 모여서 축제극장에서 바그너음악을 듣는 것 이외에 장기간 투숙하고 지내면서 이 작은 도시에 생명력을 불어 넣고 소비를 촉진시키고 있습니다. 이 40일간의 도시 전체의 수입이 일년 동안의 도시재정의 상당부분을 채워주고 있는 실정이지요. 150년 전에 지은 극장하나가 지금까지 작은 도시 바이로이트를 먹여 살리고 있다고 해도 과언이 아닌 것입니다.

바이로이트 축제극장은 훌륭한 하드웨어(축제극장)와 훌륭한 소프트웨어 컨텐츠(바그너의 음악)가 만나서 성공한 대표적인 사례입니다. 음악의 양식과 음향적인 특성은 그에 맞는 공간에서 재생되어야 하는 것은 너무나도 자명한 일이지요. 그런 점에서 바그너 축제극장은 건축과 음악의 밀접한 관계를 보여주는 가장 대표적인 사례라고 할 수 있습니다.

그림 11-1 리하르트 바그너
(Richard Wagner, 1813~1883)

그림 11-2 축제극장 건립당시
신문의 삽화

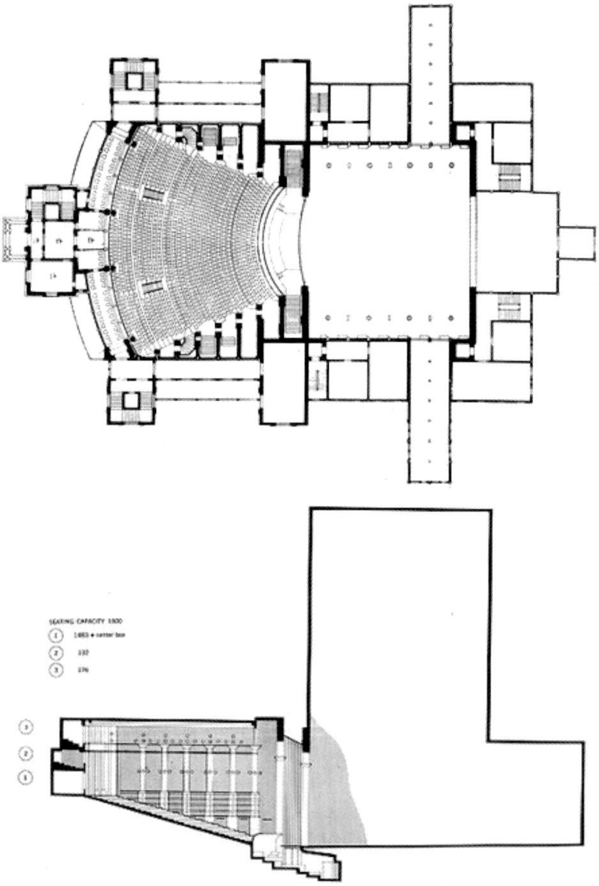

그림 11-3 바이로이트 축제극장의 평면과 단면

그림 11-4 상시 개보수중인 바이로이트 축제극장의 전면 (2014년 촬영)

그림 11-5 바이로이트 축제극장의 개관당시 모습과 현재모습

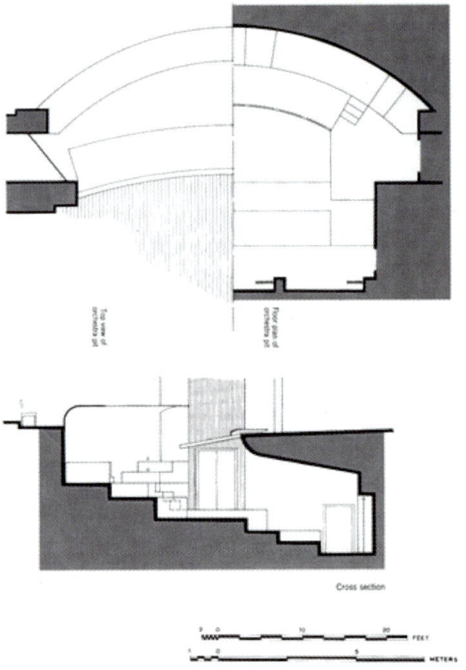

그림 11-6 바이로이트 축제극장의 오케스트라 피트

그림 11-7 바이로이트 축제극장의 실내 모습

12장
음악과 건축 (Epilog) - 문화건축물의 조건

탄탄한 콘텐츠를 가진 문화공간, 즉 문화건축물은 도시의 상징이자 무한한 문화적 가치를 지닌 건축자산이 됩니다. 여기서, 궁금한 것은 문화적 유산으로서의 가치를 지닌 건축물은 '건축 그 자체로서의 하드웨어가 뛰어나야 할까' 아니면 '그 건축물이 담고 있는 콘텐츠가 뛰어나야 할까' 입니다. 문화적 건축물을 지을 때 어떤 것이 먼저 선결되어야 하는 지도 같은 맥락의 문제입니다.

우리는 뉴욕의 메트로폴리탄이나 파리의 루블처럼 건축물보다는 그 내장된 문화적 가치가 뛰어나서 사람들이 찾는 곳을 무수히 많이 알고 있습니다. 이와는 달리, 건축물의 하드웨어가 뛰어나서 도시의 상징이 된 문화적 건축물 역시 여러 곳에 있습닏다. 예를 들어, 1997년 10월 폐광이었던 바스크의 작은 도시 빌바오에 프랭크 게리(Frank Gehry)의 설계로 완공된 구겐하임 미술관(Guggenheim Bilbao Museum)은 도시재생의 차원에서 새로운 이정표가 된 사례입니다. 또한, 산티아고 칼라트라바(Santiago Calatrava)가 스페인 발렌시아에 건축한 예술과학도시(Ciutat de les Arts i les Ciències)나 산타크루스섬에 지은 테네리페 음악당(Auditorio de Tenerife)은 스페인의 변방인 이곳으로 사람들을 끌어 모으는 계기가 되었습니다. 찾는 사람들이 점점 늘어나게 되니까 현재는 이곳에서 더 훌륭한 프로그램이 운영되는 선순환의 구조가 이루어지게 되었습니다.

문화는 선진사회의 중요한 패러다임이자 미래사회의 지속적인 아이콘입니다. 우수하고 뛰어난 문화콘텐츠는 국가의 중요한 자산이자 자원일 수 밖에 없습니다. 또한 이러한 콘텐츠를 담는 건축물은 그 내용과 연관성이 있는 완성도를 가질 때 문화적 자산으로서의 시너지효과를 발휘하게 됩니다. 국내의 많은 지자체가 저마다의 예술과 전통, 문화를 담는 건축물을 지을 때마다 이점을 간과하는 것 같아 매우 아쉽습니다.

마지막 장에서 언급한 바이로이트 축제극장은 이점에서, 훌륭한 콘텐츠와 더불어 과학적이고 혁신적인 하드웨어의 만남의 지극한 사례라고 할 수 있습니다. 훌륭한 예술과 훌륭한 건축(과학)이 만났을 때 또 하나의 훌륭한 건축자산이 탄생하리라는 것은 향후 미래에도 변치 않을 것이라 생각됩니다.

지금까지 이야기한 내용을 한번 정리해 보겠습니다.

그리스 · 로마 야외극장과 연극
고딕성당과 찬트
바로크음악과 개신교회
고전음악과 Salon (박스형 룸)
오페라와 말발굽형 극장
낭만주의음악과 장방형 음악당
가르니에 오페라극장과 바그너의 축제극장

우리는 이 책의 내용을 통하여 각 시대마다 유행한 음악의 장르가 있었고, 그에 따른 건축공간이 있었다는 것을 알게 되었습니다. 중요한 것은 그 음악형식의 음악적 특성과 공간의 음향적 특성 간에 매우 밀접한 끈이 존재하였다는 것입니다. 즉, 공간에 음향적 특성에 맞는 음악이 연주되었고, 때로는 음악에 맞춘 공간이 형성되기도 하였습니다. 이것은 마치 닭과 달걀의 예화와 비슷하다고 할 수 있습니다. 당시에 그러한 공간들이 있었기에 때문에 그 공간에 맞는 음악이 작곡되어 연주되었는지, 아니면 그 당시 사회적으로 요구되거나 유행하던 음악의 특성을 소화할 수 있는 건물을 후에 건축가가 지었는지는 알 수가 없습니다. 음악이 먼저인지, 건축이 먼저인지는 중요하지 않습니다. 중요한 것은 당시마다 음악과 건축공간의 음향간에 매우 밀접한 관계가 있다는 것입니다. 이 점은 과거에도 있었지만 향후 미래에도 우리가 잊어서는 안되는 사실입니다.

새로운 음향적인 기술의 발전으로 인하여 극장의 음향도 여러 가지로 변하고 있습니다. 의도적으로 음향을 가변시킬 수도 있고, 장르에 맞게 공연장의 레이아웃을 변화시킬 수도 있습니다. 그러나 잊지 말아야 할 것은 음악의 본질과 그에 맞는 음향적 환경이 매우 중요하다는 것입니다. 한복에 고무신이 어울리듯이 양복에는 구두가 맞는 것이겠지요.

바흐의 음악을 라이프찌히의 토마스 교회에서 들었을 때 느꼈던 감동과 희열을 느끼지는 못할지라도, 우리는 음악이 탄생하여 연주되던 때를 기억할 필요가 있습니다. 그때 그 장소에서 울려 퍼지던 음악은 이제 전설이 되어 우리에게 남아 있습니다. 그러한 전설이 왜곡되지 않고 올바르게 음악가의 정신과 의도를 지닌 채 오늘날의 우리에게 그대로 전달되게 하는 것이 또한 우리의 사명이라고 생각됩니다.

부 록
우리 삶속의 음향이야기

동양의 건축과 음향

고대 그리스·로마시대의 야외극장처럼 인류의 건축사에서 오래전부터 건축과 음향이 밀접한 관계를 가지고 있은 것은 단지 서양에서 뿐만 아니었습니다. 동양에서도 건물에 적용한 음향의 기술은 존재하고 있는데, 그 대표적인 사례가 중국 황제가 제사를 드리던 북경의 천단에 있는 황충위(皇穹宇)입니다. 이 건축물은 명(明)나라 때인 1530년에 세워졌으며 청(淸)나라 때인 1752년에 남색 기와로 개축하였고, 건축 예술로서 높은 가치를 인정받고 있습니다. 황충위는 원형의 건물인데, 그 모양과 재료가 독특합니다. 건물의 형태는 원형의 실린더처럼 생겨서 원뿔모양의 지붕이 놓여 있는데, 지붕 단층의 가운데가 높이 솟은 지붕 형태를 하고 있으며, 외벽의 재료가 전면에는 목재이지만 약 220°에 해당되는 후면은 석재로 되어 있고 개구부가 일체 없습니다. 이곳에서는 특이한 음향현상이 일어나는데, 그것은 황궁우를 둘러쌓고 있는 돌로 지은 회음벽(回音壁) 때문입니다.

회음벽은 황충위[皇穹宇]의 담장으로, 높이 3.72m, 두께 0.9m, 직경 61.5m, 둘레 193.2m의 규모로 세워져 있습니다. 매끈한 돌을 쌓아 만들었으며, 원형으로 이어져 있습니다. 두 사람이 맞은편에 나누어 선 다음, 각자 벽을 향하여 말하면, 60m 떨어져 있는 맞은편에 있는 사람이 상대방의 소리를 매우 선명하게 들을 수 있습니다. 또한 소리가 담벼락을 타고 전해지면 200m 떨어진 곳에서도 들을 수 있습니다. 이것을 이용하여 통신장비가 없던 시절에 서로의 대화나 의사를 멀리 전달 할 수 있었습니다.

그림 13-1 북경 천단의 황궁우 모습 (1996년 촬영)

그림 13-2 황궁우와 회음벽의 전경

그림 13-3 회음벽의 모습

크립(Creep) 이야기

이러한 현상은 왜 일어날까요? 이것은 소리의 물리적인 특징 중의 하나인 크립(Creep)현상 때문입니다. 크립현상이 일어나기 위해서는 두 가지 조건이 필요합니다. 재료가 반사재이어야 하고 표면이 안으로 볼록한(concave)한 형상이어야 합니다. 표면에 입사하는 소리의 각도와 반사되는 소리의 각도가 같기 때문에 (Knull의 법칙), 이 경우 소리의 음에너지는 소멸되지 않고 계속해서 굴곡진 벽을 따라 흘러가게 됩니다. 크립현상은 돔형상의 천장에서 흔히 일어나게 되는데, 우리가 돔천정이 있는 곳에 가면 소리의 울림이 에코처럼 오래가는 것을 느낄 수 있는 것은 이 때문입니다.

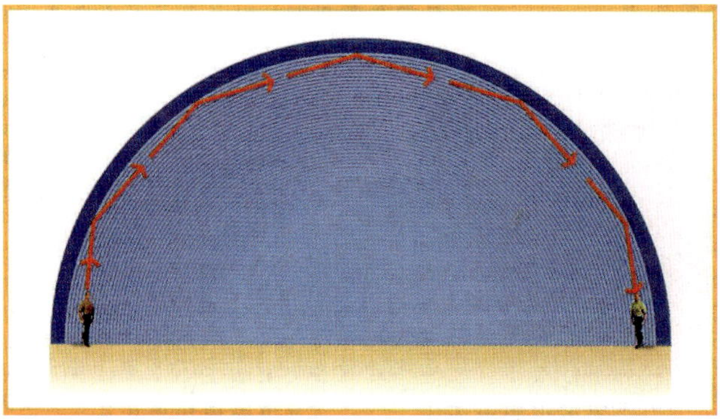

그림 13-4 돔(Dome) 천정에서 일어나는 크립현상의 원리

크립현상 때문에 일어난 일화가 있습니다. 민주주의가 처음 시작되었던 것은 17세기 말, 영국의 의회정치에서 부터입니다. 청교도와 상인중심의 휘그(Whig)당과 보수적인 왕당파인 토리(Tory)당의 양당제가 형성되었을 때, 의사당 내에서는 끊임없이 스파이논쟁이 일어났습니다. 그 이유는 우리 당의 이야기를 자주 상대방의 당이 미리 알고 대처하였기 때문이지요. 한데, 그 원인이 바로 의사당 건물의 돔천정에 있었다는 것을 알고 난 이후에는, 의회법으로 의사당 천정은 돔으로 짓지 못하도록 하는 법안이 만들었습니다.

또 다른 재미있는 일화가 있습니다. 아주 오래전 유럽의 어느 작은 마을에서 젊은 처녀 한명이 사랑하는 애인과 사랑한 나머지 임신을 하게 되었습니다. 이 처녀는 동네의 성당에 가서 신부님께 고해성사를 하게 되었지요. 그런데 그 다음 날 마을사람 모두가 처녀의 임신사실을 알게 되었습니다. 신부님이 처녀의 비밀을 발설하지는 않았을 테니 범인은 누구였을까요? 범인은 바로 처녀가 고해성사를 하던 때에 다음 순서를 위하여 맞은편에 대기하고 앉아 있었던 다른 마을 주민이었습니다. 이 성당의 구조는 강단이 둥근 모양으로 되어 있었는데 마감은 주로 석재이었지요. 강단의 둥근 곡율이 시작하는 부분에 고해소가 있었고, 곡율의 끝 지점에 장의자가 있어서 대기자들이 앉아 있었던 것입니다. 신부와 처녀의 대화는 성당의 벽을 타고 맞은편에 앉아 있던 사람에게 흘러간 것이었지요. 이와 같은 해픈닝들은 우리의 삶에서 흔히 일어나는 일들입니다. 한데, 그 사건의 원인은 상당히 과학적인 원리 때문인 것이 대부분입니다.

이란의 이스피한(Isfahan)의 샤 압바스 모스크(Shah Abbas Mosque)는 1640년 지어진 사원입니다. 황금과 하늘색의 타일로 뒤덮인 장려하고 우아한 이 사원의 주 첨탑 꼭대기의 바로 아래에 서면 일곱 번의 에코가 선명하게 아래로 들리는 것으로 유명합니다. 조금이라도 중앙점에서 비켜서면 들리지 않게 되는데, 이것은 음원에서 반사면까지의 거리가 동일한 여러 곳에서 오는 반향이 이어져야 에코가 형성되기 때문입니다. 이러한 현상은 현대의 건축물에서도 쉽게 만들 수가 있습니다. 제주도의 섭지코지에 있는 지니어스 로사이(Genius Losi)는 일본의 건축가 안도 다다오(Ando Tadao)가 설계한 명상관입니다. 정방형의 공간 4개가 바둑판모양으로 지중에 배치된 이 공간들의 중앙에 천장이 둥근 원형 돔으로 설계된 장소가 있습니다. 이곳에서도 이스피한의 사원에서와 같은 현상을 체험 할 수 있습니다.

그림 13-5 제주도 Genius Losi의 지하 입구

층간소음 이야기

대한민국의 80% 가까운 사람들이 공동주택에 살고 있습니다. 국토부에서 제시한 공동주택의 해결해야 할 문제점 중에서 제 1순위는 항상 층간소음이지요. 수 없이 많은 연구와 개발이 시도되고, 층간소음에 대한 기준을 강화하고 법제화하였지만, 층간소음에 대한 사회적인 문제는 현재도 진행형입니다. 그 이유는 무엇일까요? 이것 역시 원리를 알면 이해와 접근이 가능합니다. 층간소음을 형성하는 주요 주파수대역은 63Hz 입니다. 이 주파수의 파장은 약 5.4m에 해당됩니다. 세계의 어떤 건물의 바닥슬라브 두께도 30cm가 넘지 않습니다. 즉 층간소음의 음파장이 매우 커서 근본적으로 해결하기 어렵다는 것입니다. 그리고 층간소음은 바닥충격음에 의하여 발생되어 공기가 아닌 구조체를 타고 전달되는 소음이라 더욱 제어하기가 어렵습니다. 우리나라에서는 타국에 비하여 가장 강력한 층간소음 기준을 가지고 있으며 정부에서 국내 아파트의 콘크리트 바닥슬라브의 두께를 계속 늘려서 최소 240mm로 정하였습니다. 바닥슬라브의 두께를 증가하면 층간소음을 저감할 수 있기 때문입니다. 그럼에도 불구하고 근본적인 해결책은 되지 못한 채 층간소음 문제는 계속 대두되고 있습니다.

그러면 어떻게 해결 할 수 있을까요? 해결방안은 소음의 물리적인 특성에 따라서 소음이 발생되는 음원에서 잡아야 합니다. 소음원이 작게 되면 가장 효율적인 제어가 가능합니다. 조용한 자동차를 만드는 것이 방음벽을 세우거나, 건물의 외벽을 두껍게 하는 것보다 도로교통소음을 저감하는데 효율적인 것과 같습니다. 즉, 층간소음이 발생되는 바닥에서 잡아야 하는 것입니다. 소음이 전달되는 과정(슬라브 두께를 늘리거나, 바닥 차음재를 시공하는 방안 등)이나 아래 집에 도달한 다음 잡는 방안(아래층 천장에 반자를 설치하거나 공기층에 흡음재를 충진하는 것 등)은 상대적으로 효율이 떨어지게 됩니다. 답은 충격소음이 발생되는 바닥에 카페트를 깔면 대부분 해결되게 됩니다. 이것이 서양에서 우리보다 훨씬 얇은 바닥슬라브 두께를 가지고도 층간소음이 덜 문제가 되는 요인입니다. 그러나 불행히도, 우리나라는 전통적으로 좌식생활을 하기 때문에 딱딱한 바닥마감재를 쓸 수 밖에 없지요. 그리고 온돌이라는 바닥복사난방 방식을 택하고 있는 유일한 나라입니다. 비록 이러한 라이프 스타일에 의한 제약이 있지만, 그 원리를 따라서 연성의 바닥마감재를 개발하거나, 카페트와 같은 효과를 가지면서 청소나 일상생활에 불편함이 없는 소재를 개발하는 것이 더욱 성공적일 것입니다.

삶속의 음향

이와 같이 음향적인 원리와 특성은 서양이나 동양을 가리지 않고 우리가 살고 있는 건물에 적용되어 왔습니다. 이 세상의 수없이 많은 건물에서 사람간의 소통에 가장 많이 사용되는 수단은 옛날이나 지금이나 변함없이 소리입니다. 즉, 말을 하면서 살아가는 것이지요. 말은 소리입니다. 물리적으로는 음에너지를 가지고 있는 파동입니다. 오늘날, 우리가 살면서 가장 많이 접하고 사용하는 것이 말인 것은 부인하기 어려운 사실입니다. 이와 같이 우리의 삶속에서 소리는 항상 존재하고 있습니다.

말은 또한 정보입니다. 이해의 대상이 되는 것이지요. 소리정보가 흘러 다니는 곳이 공간입니다. 그 소리가 음악인 경우 그곳은 공연장이나 극장이 되는 것입니다. 말(Speech)과 음악(Music), 이 두 가지 소리를 공간속에서 다루는 학문이 건축음향입니다. 사람들이 말하거나, 음악을 하는 모든 공간이 건축음향의 대상이 됩니다. 좋은(Good)공간을 만드는 것이 건축음향의 목적이 되겠지요.

우리가 인지하지 못하였지만, 인류가 지상에서 집을 짓기 시작한 이후부터 공간과 소리의 관계는 시작되었습니다. 이것이 오늘날에도 우리의 삶속에서 때로는 좋은 소리(sound)로, 혹은 나쁜 소리(noise)로 나타나고 있는 것이지요. 소리와 함께 하는 삶... 이것이 우리의 운명입니다.

참고문헌

서적

1. Michael Forsyth, Buildings for Music, Cambridge Univ. Press, pp.371, 1985.
2. Leo Beranek, Concert and Opera Halls; How They Sound, Acoustical Society of America, pp.643, 1996.
3. Wallace C. Sabine, Collected Papers on Acoustics, Harvard Univ. Press, pp.277, 1922
4. Ian Appleton, Buildings for the Performing Arts, Architectural Press, pp.283, 1996.
5. R. Murray Schafer (한명호 역), The Soundscape ; our sonic environment and the tuning of the world, 1993.
6. M. Vitruvius Pollio, (M.H.Morgan 편, 오덕성 역), 건축십서, 기문당, 2006
7. Gerard Fontaine, L'Opera de Charles Garnier, Opera National de Paris, pp.141, 2000.
8. 박종호, 유럽 음악축제 순례기, 시공사, pp.511, 2012.
9. 박을미 외, 서양음악사, 음악세계, 2002.

논문 및 Article

1. Haan, C.H., "Geometry as a Measure of the Acoustic Quality of Auditoria", University of Sydney, (Ph.D Thesis), pp.293, 1993.12.
2. 한찬훈 "공연장의 형태에 따른 음향설계방법의 변천" 대한건축학회지 제43권, 4호 (통권 239호) p.58-63, 1999. 4
3. 한찬훈 "중세의 천장은 왜 고딕식인가" 과학동아, 특집 '건축속의 과학' p.74-79, 1999. 5
4. 한찬훈 "첨단음향기술과 현대건축이 되살린 한국의 소리" 과학동아, p.128-133, 2004. 10.
5. 한찬훈, "공간을 위한 소리, 소리를 위한 공간" 벽산사보 도담터, p.6-7, 2005. 10.
6. 한찬훈, "콘서트홀의 음향조건" G-style 37호 p.40-41, 2014. 3.
7. 한찬훈 "문화건축물의 외형적, 내재적 가치" 대한건축학회지 제60권, 10호 (통권 449호) p.62-63, 2016. 10

저자 소개

한찬훈 (韓贊勳)

음악과 역사를 좋아하는 저자는 홍익대학교와 연세대학교에서 건축을 공부하고, 1986년 첫 직장인 아키반 건축사사무소에서 근무하며 서울 예술의전당 음악당의 음향설계를 담당하였다. 1988년 2월 음악당의 준공과 함께 대기업(LG)으로 이직하여 해외 공연장 프로젝트의 팀장으로 현장실무를 익혔으며, 건축음향을 평생의 직업으로 삼아 호주 시드니대학교(University of Sydney)에서 Fricke교수의 지도로 박사학위(Ph.D in Architecture)를 취득하였다. 호주 재학시절, RTA 엔지니어링회사의 컨설턴트로 근무하였으며, 호주정부 국비장학생으로 학업을 이수하였다.

귀국 후 1994년부터 현재까지 충북대학교 건축공학과에서 교수로서 제자를 양육하고 건축음향 분야의 연구를 수행하고 있다. 충북대학교에서 평생교육원장(2011 ~ 14), 도서관장(2016 ~ 18)과 공과대학장(2019 ~ 2021)을 수행하였다.

전공에 관련된 학술분야에서는 한국음향학회장(2014)과 한국건축가협회 충북건축가회장(2013 ~ 14) 및 아태지역 국제음향학회(WESPAC) 회장(2015 ~ 18)을 역임하였으며, 현재까지 약 30건의 정부 및 민간연구과제를 통하여 약 300여편의 논문을 발표하고 10개의 특허를 취득하였다.

학술분야 수상으로 한국과학기술총연합회 우수논문상(2007) 및 한국음향학회 학술상(2005) 공로상(2006, 2015) 음향작품상(2007) 국제학술상(2018)을 수상하였으며, 한국예총 우수예술인상(건축부문)과 한국건축가협회 공로장(2014) 및 청주예술공로상(2012)과 충청북도 표창장(2019) 등 지역사회를 위한 공로로 수상하였다.

저자는 또한 건축음향 전문가로서 현재까지 약 150여 프로젝트의 컨설팅을 수행하였다. 대표작품으로는 인천국제공항(제1 및 제2 여객터미널, 탑승동, 교통센터)의 모든 시설에 대한 음향컨설팅을 20년 넘게 수행하여 왔으며, 고속철도 천안역사, 광명역사 및 대구 월드컵경기장, 고양시 실내체육관, 원주 종합체육관, 경북도청 등의 공공시설과, 공연장으로는 서울 예술의전당 음악당과 리사이틀 홀, 부산 국립국악원, 안산 문화예술의 전당, 청주 예술의전당 리모델링, 연세대 노천극장, 숙명여대 음악당, 광주 국립 아시아 문화예술의전당 등이 있다.

저자는 합창단활동을 꾸준히 하여 왔으며, 청주 남성합창단장(2004 ~ 8)을 역임하고, 충북대학교 교수합창단(2009 ~ 현재)과 어울림중창단(2004 ~ 현재)의 단원으로 활약하고 있다.

전공분야 : 공연장 건축음향설계, 소음방지설계, 층간소음, 교실음향기준, 흡 · 차음재 개발 등

건축과 음악

저　　자 : 한 찬 훈
발 행 처 : 충북대학교 출판부
발 행 인 : 김 수 갑
주　　소 : 28644 충북 청주시 서원구 충대로 1
전　　화 : (043) 261-2952, 3014
팩　　스 : (043) 274-1256
이 메 일 : presscbu@chungbuk.ac.kr
등　　록 : 제1983-2001-7호
초 판 2 쇄 : 2021.01.31
인 쇄 처 : 삼성디자인기획 042)221-3111

ⓒ충북대 출판부 2021, printed in KOREA
ISBN 978-89-7295-513-9 93540

값 19,000원

* 이 저서는 2020학년도 충북대학교 국립대학육성사업에 의하여 발간되었음.